小嶋教你做蛋糕

[日]小嶋留味 著 于春佳 译

河北科学技术出版社

中国大陸の読者の皆さんへ

はじめまして、小嶋ルミです。

私の本を最後まで読んでいただき、ありがとうございます。

ルミという名前は漢字では「留味」と書きます。漢字表記から料理やスイーツを楽しむイメージを感じていただけたら幸いです。「人の心に留まるような味」そんな味のお菓子を作り続けたいと思います。

過去に発行された書籍には違った漢字を使っているものがありますが、今後はすべて「小嶋留味」に改めていきます。

皆さんのおいしいスイーツ作りに役立ててください。

小嶋ルミ

中国内地的读者们

你们好，我是小嶋。

非常感谢各位购买阅读我的书。

ルミ这两个假名写作汉字时为"留味"，是希望大家提起我的名字就能联想到料理和甜点。

当然，我也会按照名字所传达的意思坚持制作甜点，让它们成为"留在人们心中的美味"。

以前的书籍在翻译我的名字时使用了错误的汉字，今后也会改为"小嶋留味"的。

希望我的作品能让读者们在蛋糕制作方面有所收获。

小嶋留味

将大家最难掌握的"搅拌"操作
展现在DVD中，请仔细观看、参照

以前，大家总喜欢称呼我为甜点师。

我认为制作甜点最重要的就是做出美味的面糊，从面糊制作中体会到乐趣和重要性。

想要在甜点制作中充分体会到这一点，需要您在制作过程中学会查看制作情况。

本书DVD从甜点制作者的视线正上方进行拍摄，让您仿佛置身制作现场。

首先，请您关注"面糊的搅拌方法"。

制作甜点时，根据甜点种类的不同会采用不同的"搅拌方法"。

搅拌这一操作包含很多连贯的动作、技巧，直至面糊最终完成，是甜点制作中最重要的操作步骤。

当然，甜点制作过程中的步骤，即操作流程也十分重要。

制作之前，请认真参照实际的操作流程、速度。

搅拌方法、操作步骤中橡胶铲和手持式搅拌机的使用方法、手的动作频率等也请认真参照。

动起手来，努力做出更高水准、更加美味的手工甜点。

Ovennitten

Rumikozima

1

小嶋教你
做蛋糕

DVD
附赠
vol.1

Contents

在制作本书介绍的蛋糕之前

· 请仔细阅读书中记载的食材表、制作方法等，熟悉制作流程。
  带有DVD标记的均为附有详细的DVD视频。制作之前请认真查看DVD中的内容。
· 将所需道具准备齐全，准备好垫纸、烤盘等用具。
· 对食材进行称重。液体也全部用g进行计量。鸡蛋按照打碎之后的蛋液进行计量，在称重之前需要将鸡蛋打碎。
· 本书中选用的砂糖一般为细砂糖。书中多会加热将砂糖溶开，因此选用一般砂糖即可。建议您在制作蛋糕时选
  用微粒型细砂糖。特别是在打发鲜奶油时，选用微粒型细砂糖更容易溶开。
· 烤箱温度为烤制时的温度标准。对烤箱进行预热时，需要比烤制温度调高约20℃左右，保持该温度预热5分钟
  以上即可。
  打开烤箱放置蛋糕时，烤箱内的温度会降低，因此进行该操作时一定要迅速。如果烤箱内温度降低，烤制过程
  会花费较长时间。
· 蛋糕的烤制时间会有一个大体的标准，但选用不同烤箱时间会有所差异，请根据自家烤箱的特点，对烤制温度、
  烤制时间稍做调整。

蛋糕的保存和保质期

做好的蛋糕一定要放置于冰箱中进行保存。

奶油蛋糕在食用之前，建议您将其从冰箱中取出后置于室温中一段时间。

鲜奶油蛋糕（裱花蛋糕、蛋糕卷） ············ 当天即食

黄油奶油蛋糕（樱桃利口酒蛋糕、摩卡蛋糕）······ 2~3天

黄油海绵蛋糕 ·································· 4~5天

制作美味甜点的 基本搅拌方法 ▶ DVD

　　制作甜点时，怎样将各种食材搅拌到一起是十分重要的操作步骤。选用相同的食材、按照相同的步骤，搅拌方法不同，糕点的味道也会大相径庭。

　　甜点制作中的鸡蛋打发方法分为"全蛋法"和"分蛋法"两种。"全蛋法"是指将整个鸡蛋与砂糖进行打发搅拌，然后再加入面粉等食材的搅拌方法。"分蛋法"则是将鸡蛋中的蛋黄和蛋清分开，分别与砂糖进行打发后，混合到一起再进行搅拌的方法。

用手持式搅拌机进行搅拌

想要制作出更加细腻、更加美味的面糊，建议您打发鸡蛋时选用手持式搅拌机。想要在打发过程中搅拌出细腻、丰富的气泡，就要选用手持式搅拌机，打蛋器一般很难达到这种效果。

〈手持式搅拌机的高速搅拌〉（海绵蛋糕）

为了搅拌出适合任意糕点的适当气泡量，最开始我们一般会选用手持式搅拌机进行搅拌。

1. 在远离工作台的位置准备好，将手持式搅拌机垂直放入装有各种食材的盆里，开始搅拌。

2. 保持搅拌头在即将碰触盆底的位置，沿着盆沿，按照每秒钟2圈的速度，像画圆一样使搅拌机转动起来。每隔30秒左右将搅拌盆逆时针转动60°左右，变换位置后采用相同的方法继续搅拌。重复上述操作步骤。不要忘记准备好秒表或者计时器，计算好搅拌时间。

以搅拌盆边缘稍稍碰触到搅拌头为宜。搅拌时，要注意将搅拌头垂直于盆底进行搅拌。

3. 慢慢搅拌至蛋液发白，出现小气泡，按照一定的速度继续搅拌一段时间。随着气泡慢慢增加，逐渐将搅拌头前端从盆底向上移动，继续搅拌。此时，将搅拌头逐渐向边缘靠拢，转出大圈。

4. 在标记的搅拌打发时间结束前10秒，对面糊的状态进行确认。用搅拌头上的面糊书写"の"字，书写时面糊缓慢、均匀掉落，最开始书写的部位隆起、字迹清晰可辨即算完成。

如果在书写过程中，面糊很快掉落、文字很快消失的话，需仔细查看面糊的打发状态。此时，如果搅拌打发不充分，面糊中的气泡就很少，做出的蛋糕缺乏造型感，气泡也较粗。反之，书写过程中，如果面糊很容易掉落，则为打发过度。打发过度时，可加入适量干面粉后继续进行搅拌，直至搅拌好为止。

本书中，我们将采用全蛋法制作的甜点分成两大类进行介绍。分别是裱花蛋糕、蛋糕卷等海绵蛋糕面糊以及加入等量融化黄油的黄油海绵蛋糕面糊。不管采用哪种方法，均不是采用直接搅拌的方法，而是先将鸡蛋充分打发，搅拌出很多气泡，然后再慢慢加入面粉进行充分搅拌，制作成面糊。

采用间接搅拌方法的同时，为能够制作出美味的糕点，一般会选用有力、能够制造出细小气泡的手持式搅拌机，搅拌机的具体使用方法、用橡胶铲制作出更加细腻面糊等的方法，书中均有详细介绍。制作之前请参照DVD中的注意事项进行制作。

手持式搅拌机的低速搅拌

采用高速搅拌的方法能够搅拌出更多的气泡，采用低速搅拌法则能够使食材更为细腻，搅拌出更多细小的气泡。

1. 将搅拌机设置为低速，调整食材的细腻程度。将搅拌机置于食材高起的部位，保持其垂直于不锈钢搅拌盆底部（图片为从一侧横向看到的状态）。

2. 将搅拌机的搅拌头置于靠近盆边的部位，固定于将要碰到盆壁的部位，搅拌打发15~20秒。

3. 当搅拌机的搅拌头周围（半径5cm以内）没有大的气泡时，将盆沿逆时针方向转动大约30°，继续采用2中的搅拌方法进行打发。

4. 通过以上操作，能够消除面糊中的大气泡，增加面糊中小气泡的数量。仔细观察盆中搅拌好的食材，大气泡都像是被搅拌机吸走似的，全部变成了细小的小气泡了。

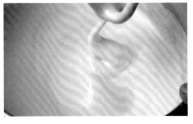

5. 重复2~4中的操作，转动搅拌盆，调整盆内各处的面糊，增加面糊中气泡量的操作一般在2~3分钟内即可完成。经过此步骤的搅拌，面糊会呈现较为细腻的奶油状。

用橡胶铲进行搅拌

此阶段的搅拌是向打发好的面糊中加入干面粉，橡胶铲在搅拌中发挥着重要作用。

橡胶铲的拿法

边缘部位

手握在橡胶铲手柄的中间部位，用食指支撑着铲子上缘部位。这样，指尖的力量就会传递到铲子的前端。

姿势

将不锈钢搅拌盆置于身体正前方，拿有橡胶铲一侧的身体可将肩部夹紧，不要太放松。

〈 海绵蛋糕面糊的搅拌 〉采用全蛋法的面粉搅拌方法

1. 将不锈搅拌盆看成是时钟的圆盘，在大约2点钟的位置放入橡胶铲。橡胶铲保持一定的角度倾斜插入，用左手的拇指、食指、中指3根手指按住盆的边缘。

2. 像按动橡胶铲似的将面糊向8点钟方向翻动开。这样，橡胶铲就在搅拌盆的中间划出一道。
搅拌过程中要防止盆沿与橡胶铲中间产生缝隙，橡胶铲要保持与盆底成90°，将底部也充分搅拌均匀。采用这种搅拌方法搅拌比在表面一点点搅拌效果更好。

3. 搅拌到8点钟方向时，将橡胶铲前端向上挑起，压到10点钟位置上。在橡胶铲从搅拌盆边缘抬起的同时，将搅拌盆逆时针转动60°左右。
如果用左手将搅拌盆顺时针旋转，橡胶铲又会位于9点钟位置，出现重复搅拌的情况。

4. 充分刮动侧面的面糊后，将橡胶铲翻转过来，铲子上带有的面糊向搅拌盆左侧翻过去。重复1~4中的操作步骤，请记住搅拌、翻转次数。
橡胶铲每次都按照不同的轨迹进行搅拌，这样面糊整体才容易被搅拌均匀。

5. 搅拌35~40次之后，面糊表面就看不到干面粉了。搅拌时按照每5秒钟搅拌3次的速度，速度过慢干面粉不容易搅拌开，请注意这一点。

6. 加入隔水加热过的黄油和牛奶后，继续搅拌100次以上。此时进行搅拌操作，要确保橡胶铲的中间位置正好搅拌面糊的中间部位。搅拌次数可根据面糊的状态适当调整。

＊由于制作者的视线和摄影视线不同，从DVD截图上看，橡胶铲不一定全部在面糊中央的位置进行搅拌。

〈海绵蛋糕面糊的搅拌（应用篇）〉

蛋糕卷或者柠檬蛋糕等富含鸡蛋的面糊搅拌起来十分困难，以下为这类面糊的具体搅拌方法。

1. 与普通蛋糕面糊的搅拌相同，将盛有面糊的搅拌盆看成时钟圆盘，将橡胶铲插入2点钟位置。

2. 采用普通海绵蛋糕面糊搅拌步骤中的2、3，待橡胶铲露出面糊表面时，将铲子背面向上，抖落附着在铲子上面的干面粉，上下搅拌均匀。

采用此种方法进行搅拌时，能够使干面粉迅速散布于整个面糊里。搅拌容易结块的面糊时，此方法也能迅速将面糊搅拌均匀。

3. 搅拌35~40次看不见干面粉后，继续搅拌20~30次。后面的搅拌过程不需要再将橡胶铲向上翻动，按照普通海绵蛋糕面糊搅拌步骤的**1~4**即可。

用打蛋器进行搅拌

本书中，打蛋器主要用于搅拌鸡蛋或者液体状面糊。

打蛋器的拿法

搅拌鸡蛋、鲜奶油等液体时，用手整个握住打蛋器上部把手，伸出食指固定住打蛋器前面即可。

搅拌黄油、奶酪等较硬的食材时，横向握住打蛋器把手下方，搅拌时，沿着搅拌盆边缘或者底部，用力将食材搅拌均匀即可。

strawberry short cake
草莓奶油蛋糕

烤制一个海绵蛋糕，加上奶油和草莓点缀！一起来学做美味无敌的草莓奶油蛋糕吧！

按照以下介绍的蛋糕制作方法，相信您也一定能够做出口味惊艳、美味绝伦的海绵蛋糕。这款蛋糕搭配味道浓郁的鲜奶油，香而不腻，松软可口。

家庭自制蛋糕时，一般很少会加入果子露，这里我们为了充分凸显面糊中的鸡蛋风味，加入了大量用适度酒品浸泡的果子露，增加了整体的湿润感觉，使蛋糕有入口即化之感。因此，当您享用蛋糕之时，咬上一口，含在嘴里，蛋糕竟然很快就化开，香味四溢，宛如蛋糕、鲜奶油、草莓直接便可进入腹腔，是一款口感、外观俱佳的美味奶油蛋糕。

蛋糕做好后，切割方法也会成为影响您食欲的重要因素。请您在制作过程中尝试多种不同装饰方法。制作前，请认真参照DVD，亲手制作色、香、味、形俱佳的美味蛋糕。

1. 制作海绵蛋糕 ▸ DVD

蓬松、细腻，散发着浓郁的鸡蛋芳香，这里我们将向您介绍基础海绵蛋糕的制作方法。

按照较为专业的制作食谱，一般需要在全蛋液中，加入鸡蛋重量约70%的白砂糖，充分搅拌均匀，使食材中充满气泡。然后用手持搅拌机对食材进行低速搅拌，增加食材中的细腻气泡量。加入干面粉后，为了搅拌出能够支撑蛋糕的"支柱"，必须对食材进行多次充分搅拌。

竟然要搅拌这么多次？！人们总是不禁要问，正是这么多次的搅拌，才使得做出的蛋糕具有细腻的口感。但是，也并不是搅拌次数越多越好，搅拌过度，容易破坏面粉中的面筋组织，搅拌的过程也是有诀窍的。搅拌过程请参照DVD中的详细说明，按照里面的要求进行。按照书中讲解的方法，相信您一定可以亲手制作出美味、松软的海绵蛋糕。

食材（直径18cm的蛋糕模具1个）	
全蛋液	150g
细砂糖	110g
水饴	6g
无盐黄油	26g
牛奶	40g
低筋面粉	100g

准备工作
· 将粉类食材用细眼筛子筛一下。
· 向加入牛奶的小碗里加入切成小块的黄油。
· 将水饴放入事先用水浸湿的小碗里称量。
· 对烤箱进行预热（烤制温度为160℃）。
· 准备好烤箱用纸（蛋糕围边纸）。在模具边缘放上围边纸，底部放上裁成圆形的垫纸。

〈蛋糕的制作流程〉

将水饴隔水加热。

将细砂糖加到全蛋液里，搅拌均匀。

搅拌好的蛋液隔水加热。

加入热好的水饴。

用手持搅拌机进行高速搅拌。

将黄油和牛奶混合到一起，隔水加热。

用手持搅拌机进行低速搅拌。

加入干面粉，搅拌海绵蛋糕面糊。

加入黄油和牛奶，继续搅拌面糊。

将搅拌好的面糊倒入蛋糕模具中，将模具放入预热至160℃的烤箱里烤制30~35分钟。

↓ 蛋糕烤制完成后，立即将其从模具中取出。

— column —

砂糖的作用，不仅仅是增加甜度？

鸡蛋中的气泡数量和气泡强度是由食材中砂糖的比例决定的。这里我们所介绍的海绵蛋糕的含糖量采用了比较适合一般家庭口味的搭配比例。从食材中砂糖的比例来看，可能大家会觉得加入的砂糖太多，做出的蛋糕会过甜。但是，加入面粉、水分（牛奶+黄油）等食材后，面糊中会产生很多密集的气泡，做出的面糊会是面糊原本体积的1.5倍左右。因此，吃起来不会觉得太甜。但是，如果没有按照书中介绍的正确方法进行搅拌，或者搅拌次数较少的话，面糊会变硬，不容易膨胀起来，此时，做出的蛋糕肯定会过甜，味道不佳。

因此，即使严格按照食谱中的食材用量进行搭配，如果制作方法不对，做出的蛋糕也不会产生应有的风味。因此制作时，请一定严格按照书中介绍的方法进行。

草莓奶油蛋糕

〈 将水饴隔水加热 〉

1. 将水饴加入用水浸湿的小碗里，盖上塑料薄膜，将水饴隔水煮至沸腾后，关火。要将水饴煮软约需1分钟。

盖上塑料薄膜能够有效防止水饴表面变硬，同时也能防止水饴中水分的蒸发。

〈 将砂糖加入全蛋液里充分搅拌均匀 〉

2. 进行**1**中操作的同时，将全蛋液加到盆里，打散，加入细砂糖。

3. 加入细砂糖之后，用打蛋器快速、用力搅拌均匀。

进行搅拌时，打蛋器要碰到搅拌盆的侧面和底部，这样才能将各处的蛋液均搅拌均匀 。

〈 将蛋液隔水加热 〉

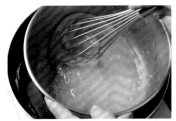

4. 将**1**中装有水饴的碗取出来，准备放入**3**中搅拌好的蛋液。用打蛋器不断搅拌，使食材中的砂糖充分融化，将食材加热至40℃左右即可。

通过加热，砂糖能够充分融化，搅拌时也更容易打发。隔水加热时建议选用平底锅，操作起来更加方便。

5. 食材温度加热至40~42℃时，将容器从锅上移开。

温度的测量，建议您选用红外线温度计，这样使用起来更加方便。温度计的测量范围选用100℃以内的即可。

〈 加入水饴 〉

6. 加入**1**中加热至变软的水饴，搅拌至水饴充分化开。

加入水饴时，需先用橡胶铲将水饴集中到一个地方，一次性一起加入蛋液中。

〈 使用手持式搅拌机进行高速搅拌 〉参照P4

7. 确认搅拌盆中的水饴充分化开之后，用手持搅拌机对食材进行高速搅拌，打发4~5分钟。食材温度为36℃时为最佳打发温度。搅拌时，搅拌头要沿着搅拌盆边缘进行，并且按照每秒钟2周的速度进行。

8. 随着搅拌的进行，食材会逐渐发白。

拿搅拌机的一只手太累的话，可以用另一只手替换，将搅拌头调至逆向转动即可。

9. 搅拌4分至4分半后，食材会呈现出均匀的白色。将搅拌头向上提起，如果搅拌头上的面糊还能均匀地写出"の"字，就可以结束高速搅拌的过程了。

书写结束时，最开始写的那头还能清晰看出字迹即可。提起搅拌头时，面糊迅速掉落，则表明搅拌过度。

〈 将黄油和牛奶隔水加热 〉

10. 用隔水加热过蛋液的热水，继续对黄油和牛奶进行隔水加热，使黄油充分融化，热好的食材温度在40℃以上即可。

本阶段要使黄油充分融化。

〈 用手持式搅拌机进行低速搅拌 〉参照P5

11. 在进行**10**的加热操作时，将搅拌机调至低速，对**9**中食材继续进行搅拌，搅拌时间为2~3分钟，将食材搅拌至均匀、细腻即可。

搅拌过程中，面糊中的大气泡消失，细小气泡的数量增加。仔细查看盆中食材，大气泡宛如被搅拌机吸走一样，陆续消失，全部变为细腻的小气泡。

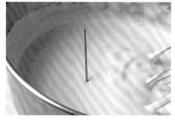

12. 搅拌好的面糊蓬松、细腻，呈奶油状。将牙签前端约1cm插入面糊中央，将手松开后，如果牙签缓慢倒下，就表明搅拌过程完成了。

〈将搅拌头上的面糊清理干净〉

13. 将搅拌头上附着的面糊用手清理干净。清理时，用另一只手的食指和拇指固定住搅拌头。

〈将容器边缘的面糊清理干净〉

14. 在加入面粉之前，用橡胶铲将附着于容器侧面的面糊清理干净。清理时，将橡胶铲贴到搅拌盆侧面（非盆边缘），将搅拌盆沿着逆时针方向转动一圈即可。将橡胶铲上铲下的带有较粗气泡的面糊抖落于面糊中央。

进行清理操作时，橡胶铲与盆沿保持30°角即可。

15. 继续将橡胶铲转动一圈，在搅拌盆边缘抹上适量面糊。

这样操作后，向盆里加入干面粉时，面粉也不容易粘到边缘上，提高面粉的搅拌效率。

〈加入干面粉〉

16. 将筛好的面粉再次倒到筛子上，加入搅拌盆里。

将面粉再次过筛之后，面粉就能均匀分布于面糊中，很好地与蛋液融合到一起。

column

清理面糊具体是指什么？

是指将附着于搅拌盆侧面、底部的面糊，粘在橡胶铲、打蛋器和手持式搅拌机搅拌头上的面糊清理干净，重新加入盆中大面糊的操作。

这一操作会多次出现在甜点制作的过程中，请记住具体操作方法。

column

为什么要增加搅拌次数？

加入面粉后面糊的搅拌次数会影响搅拌完成后面糊的细腻程度。合计搅拌150次时（图片中下图），面糊细腻、湿润，不会太过黏稠。搅拌90次的面糊（上图），乍看上去有蓬松感，但气孔粗糙、发干，缺乏湿润感。因此，搅拌次数越多，面糊越细腻，做出的蛋糕口味更好，但要注意的一点是，并不是搅拌次数越多越好。当搅拌到一定次数后，继续搅拌面糊仍会变得更加细腻，但面糊容易失去自身的黏性，变得没有弹性，烤出的蛋糕口感不佳。

此外，搅拌过度、胡乱搅拌都容易损坏面糊本身的组织，破坏面糊中形成的气泡，最终导致面糊在烤制过程中无法膨胀起来。因此，请在实际操作中总结经验，做出独属于自己的美味蛋糕。

✕

〇

〈 搅拌海绵蛋糕面糊 〉参照P6

17. 用橡胶铲进行大范围搅拌。从搅拌盆2点钟方向的位置开始，用橡胶铲向8点钟方向搅拌，搅拌时要对面糊整体进行按压，使搅拌充分均匀。搅拌过程中，左手可以置于9点钟方向将搅拌盆固定住。

18. 橡胶铲搅拌至8点钟位置后，将铲子从下往上挑至10点钟方向。当橡胶铲挑至搅拌盆边缘时，沿逆时针方向将搅拌盆转动60°。
如果用左手将搅拌盆沿顺时针方向转动，就会又回到刚才搅拌好的9点钟位置。因此，搅拌过程中要尽量使铲子按照不同的轨迹进行搅拌操作。

19. 大约搅拌35次后，基本就看不到干面粉了。

〈 加入黄油和牛奶 〉

20. 搅拌至看不到干面粉后，用橡胶铲引流，加入**10**中热好的黄油和牛奶，加入时要尽量使黄油和牛奶均匀分布于面糊上，继续将面糊搅拌100次以上。
此阶段要对面糊进行充分搅拌，面糊中的气泡就不容易消失。

21. 搅拌次数合计130~150次为最佳。
搅拌次数越多，面糊就越细腻，但搅拌次数过多，面糊容易形成面筋，变得富有弹性，因此搅拌时还要注意这种情况的出现。此外，搅拌次数过多，面糊中的气泡溢出，不容易混入空气，面糊中含有的气泡就会变少。搅拌次数请结合面糊的搅拌状态进行确认。

〈 面糊搅拌的完成 〉

22. 搅拌完成。此时的面糊应该呈现带有一定光泽的细腻状。
用橡胶铲将面糊铲起来时，面糊会连续不断掉落，这样就表明搅拌完成。此时面糊的掉落状态与先前阶段的完全不一样，实际操作中，您就可以发现不同了。

〈将面糊倒入模具中〉

23. 将搅拌好的面糊倒入准备好的模具中。倒入过程中请尽量减少用铲子搅拌的频率，防止面糊中的气泡被弄碎。
盆底和盆边的面糊可以用铲子铲到一起后，再倒入模具中。

〈用烤箱进行烤制〉

24. 将整个模具从离操作台10cm的高度上摔下，将面糊表面的大气泡震碎。将面糊连同模具放入160℃的烤箱里烤制30~35分钟。
烤制蛋糕时，一定要采用低温烤制的方法，采用170℃以上的高温，面糊容易在短时间内迅速膨胀，使烤出的蛋糕较为粗糙，影响口感。

〈取下模具〉

25. 烤好后的蛋糕高度大约为6cm（取下垫纸后高度会有所下降）。烤好后，将蛋糕连同模具从距离操作台10cm处摔下。
蛋糕在下降过程中，受到撞击，能够排出组织中多余的热空气，防止蛋糕回缩。烤好的蛋糕成色美观，周围的垫纸稍微弯曲即可。

〈用冷却架进行冷却〉

26. 将烤好的蛋糕翻过来，置于冷却架上，脱模。冷却5~6分钟后，将蛋糕翻过来，正面朝上，将蛋糕置于冷却架上至完全冷却即可。
此阶段如果不将蛋糕翻转过来冷却，冷却后蛋糕的底部气孔较为细小，上部的气孔较大、较粗糙，上下气孔分布不均匀。此外，蛋糕翻过来之后，如果没有将原先朝上的一面再次翻转到上面，蛋糕表面容易粘到冷却架的网纹上，不易剥离下来。

2. 蛋糕装饰的准备工作 ▶ DVD

食材	〈果子露〉		〈装饰用〉	
	细砂糖…………	27g	鲜奶油（乳脂含量45%）…	360g
	水…………	80g	牛奶…………	15g
	利口酒…………	20g	细砂糖（微粒型）……	13~18g
			草莓…………	2把

〈制作果子露〉

1. 制作果子露。将水和细砂糖加入锅里，稍微煮一会儿后，关火。待食材冷却后，加入利口酒即可。

〈切草莓〉

2. 准备好草莓。取出适量完整草莓用作装饰，剩余的可以切成约7mm的薄片状。
草莓被洗过之后易变软、变形，影响美观。因此只去蒂，轻轻擦一擦便可。

〈打发鲜奶油〉

3. 将鲜奶油、牛奶加入搅拌盆里后，继续加入细砂糖，将整个搅拌盆放入冰水里，用手持式搅拌机进行从低速到高速的搅拌，搅拌时间约7分钟即可。操作过程中，要一直将搅拌盆置于冰水中。
乳脂含量较高的奶油，在搅拌过程中容易结块，因此打发过程中要防止搅拌过度。加入牛奶后，奶油的口感更加细腻，也能防止奶油变得疙疙瘩瘩。在制作蛋糕的过程中，奶油很容易被打发过度，因此搅拌全部奶油时，只需打发至七分，在使用之前再稍微打发即可。

〈切割海绵蛋糕〉

4. 去除蛋糕周围的垫纸，将蛋糕底部向上放置，去除底部垫纸。

5. 从蛋糕的表面（也就是制作时的蛋糕底部）上切下薄薄一片。
选用比蛋糕直径稍长、30cm以上的波浪纹刀刃的长刀进行切割。

6. 将抵着刀的一面向下放，放入高约1.5cm的木条中间，沿着木条，将长刀前后移动，切割蛋糕。采用同样的方法再切割1片。

7. 剩余的蛋糕要削掉表面有网纹的部分。剩余部分无需与其他两片保持同一高度。

8. 去除蛋糕表面的多余碎屑。
碎屑如果不清理干净，涂抹奶油时会容易混到奶油中，请防止这种情况的发生。

草莓奶油蛋糕

3. 装饰&涂抹奶油 ▸ **DVD**

把奶油均匀地涂抹到海绵蛋糕上、整理好形状的步骤叫做涂抹奶油。用抹刀涂抹奶油时，如果过度涂抹，奶油会变蓬松，影响最终蛋糕的口感。因此，涂抹奶油时，一定要尽量采用最少的操作步骤。

〈第1层涂抹果子露〉

1. 将切割好的蛋糕片向上置于蛋糕用转台的中央。
建议您选用具有一定重量的转台。

2. 将毛刷充分浸到果子露中，轻轻按压涂抹于蛋糕上。将毛刷向前一点点移动5~6cm时，继续重复上面的操作步骤。一片蛋糕上涂抹所有果子露用量的1/3左右即可。

〈第1层涂抹奶油〉

3. 稍稍打发已准备好的奶油，打发至8分即可。
此时只需打发所需的奶油量即可。

4. 将所需奶油置于蛋糕中间部位。
第一层需要放入的奶油量大约为40g。

抹刀的拿法
从上部将刀拿住，食指抵在刀面上。这样就可以同时利用左右两面的刀刃，便于涂抹操作的进行。

5. 从中间向外侧移动抹刀，这样奶油就被涂抹到蛋糕边缘部位。将转台逆时针旋转90度。从右向左移动抹刀3~4次，将奶油涂抹均匀。最后，将抹刀固定到一个位置，逆时针将转台转动一周，将奶油表面整理平整即可。
涂抹较为平整的蛋糕片时，可以将抹刀沿水平方向移动。将刀刃向上涂抹时，蛋糕中间部位的奶油会过厚，整个蛋糕的高度不统一，请注意这一点。

〈第1层摆放草莓〉

6. 将切成薄片的草莓呈放射状均匀摆放于奶油上。最外侧的草莓要摆放于距离边缘2~3mm的位置，将草莓较隆起的部位向外，切割平整的一面向下摆放平整。

如果将草莓不平整的一侧向下放，奶油和草莓中间容易产生较大空隙。

7. 用手轻轻按压，使草莓粘在奶油上。

8. 采用**4**中同样的方法，将奶油置于蛋糕中间部位。

9. 用抹刀将奶油向前涂抹。采用与P16同样的方法，将奶油抹开后，转动转台将其整理平整。为将草莓中间的缝隙填满，涂抹奶油时可轻轻按压，使奶油填入空隙中。

〈完成第2层的涂抹〉

10. 从剩余蛋糕片中选择较厚的一片，里面一侧涂抹适量果子露。

11. 将抹好果子露的蛋糕片翻过来，放于**9**中的底座上。

12. 用手轻轻按压，使蛋糕粘到下面。蛋糕上面采用与第1层一样的方法进行操作。

13. 按照第1层中的方法，涂抹奶油、摆放草莓、涂抹第二层奶油。

草莓奶油蛋糕

〈盖上第3层〉

14. 将剩余一片蛋糕较为平整的一面向上，摆放于蛋糕底座上。摆放之前，先翻转过来均匀涂抹上果子露，然后将蛋糕翻过来摆放于蛋糕底座上。

15. 将果子露涂抹于蛋糕表面上，此时，将剩余果子露全部抹上即可。

〈将蛋糕侧面的奶油抹平〉

16. 将抹刀置于时钟8点的位置，顺时针转动转台，抹刀向前转动5cm后，向后回2cm，将夹层中间溢出的奶油涂抹均匀。

〈涂抹上面的奶油〉

17. 将剩余的奶油稍微打发之后，将一半~2/3的奶油量，置于蛋糕中间。从里面向外侧将奶油摊开。此时，要将奶油涂抹于蛋糕边缘，涂抹至超过边缘即可。

18. 将转台逆时针转动90°，将奶油从右向左涂抹均匀。

19. 将转台转动1~2周，将蛋糕表面的奶油摊平。蛋糕上面的奶油厚度以3~4mm为宜。

〈涂抹侧面的奶油〉

20. 调整蛋糕上面多余、掉落于侧面的奶油。将抹刀置于时钟8点的位置，顺时针转动转台，抹刀向前转动5cm后，向后回2cm，将溢出的奶油涂抹均匀。

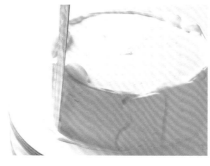

21. 涂抹侧面的奶油。将奶油置于抹刀前端，向前推动5cm左右，补充侧面的奶油厚度。多次重复上面的步骤，将奶油涂抹于整个蛋糕边缘。最后，将抹刀固定住，转台转动1周，将奶油涂抹均匀。此时，蛋糕上部边缘会有多余奶油溢出。

〈完成上面奶油的涂抹〉

22. 调整上面奶油的角度。将抹刀微微倾斜，从右斜上方向中间将奶油摊开，将刀水平放置再涂抹一次。涂抹的过程中，要左右不断转动转台。

23. 采用同样的方法继续整理，将整个蛋糕整理6~8次即可。
每一次用刀整理平整后，都需要将刀上附着的奶油擦干净，再继续后面的操作，这样，整理出的蛋糕才更加平整。

- column -

涂抹奶油的两种方法

涂抹蛋糕上面(平面)奶油的方法有两种。本书中采用的方法是，最初将奶油置于最前面，一边逆时针转动转台，一边将奶油涂抹均匀。DVD中介绍的方法为：将奶油置于中间部位，顺时针转动转台，将奶油涂抹均匀。此外，还可以先将奶油涂抹于刀上，再涂抹于蛋糕上(DVD)，也可以直接涂抹于蛋糕上，再摊平(书中采用方法)。具体操作过程中，您可以选择适合自己的方法。

〈将底座清理干净〉

24. 将抹刀置于底座的最右侧，从右侧向左刮动底座上的奶油，去除底座上的多余奶油。一点点移动，直至将底座上的奶油清理干净。

〈裱花装饰〉

25. 将裱花头安装在裱花袋前端。将裱花袋向外翻开一部分，将左手（左撇子的话此时用右手）的拇指和食指张开，撑到裱花袋夹层里。由于裱花使用的奶油较少，因此要将裱花袋多向外翻动一段。

26. 将涂抹蛋糕剩余的奶油全部倒入裱花袋里。用右手拿住裱花袋，拇指根将裱花袋开口处捏紧，用左手将裱花袋后面的奶油挤到前面，使前面部分的奶油集中到一起。

27. 将裱花袋稍稍倾斜，从蛋糕的斜上方开始挤奶油。捏动裱花袋，挤出约2cm长的花纹即可。挤到花纹长度大约为10cm时，转动转台。按照同样的方法转动4~5次，进行裱花操作，就基本完成了对整个蛋糕的裱花。

〈用草莓进行装饰〉

28. 在奶油裱花的里层，用去蒂草莓进行装饰，摆放草莓时一定要查看整个花纹的平衡，使其尽量美观。草莓的摆放方法您可以根据个人喜好进行自由选择。将草莓尖头部位稍微倾斜向外摆放，蛋糕的造型看起来更加可爱。摆好草莓后，将长刀插入蛋糕底部，用另一只手扶住，将蛋糕移到容器上。

---

column

蛋糕的切法 ▶ DVD

　　准备一把切蛋糕用的长刀、热水。将蛋糕放正，手持长刀，保持长刀与桌面垂直。长刀用热水温过之后，将长刀切入蛋糕里，前后移动长刀进行切割。这时，请一定要注意，不要将长刀从上向下进行按压式切割，这样容易损坏蛋糕外形，影响美观。切开之后，立即用长刀将蛋糕左右分离开，防止切开的断面再次黏合到一起。将刚才切开的切口置于身体正前方，变换蛋糕的位置。将长刀擦拭干净，用热水温过之后继续进行切割。

直径12cm蛋糕的装饰 ▶ DVD

选用直径为12cm的模具烤制海绵蛋糕，蛋糕侧面无需涂抹奶油，
表面涂抹适量松软的奶油即可。

食材	
（直径12cm的蛋糕模具2个份）	

〈将蛋糕面糊切片〉

1.烤好的蛋糕去除
底部后，将其切分
成2片。蛋糕上面
的烤制部位无需去
除，直接使用即可。

〈海绵蛋糕〉		〈果子露〉	
全蛋液	128g	细砂糖	15g
细砂糖	94g	水	45g
水饴	5g	利口酒	10g
低筋面粉	85g	〈装饰〉	
无盐黄油	21g	鲜奶油	150g
牛奶	34g	细砂糖	8g
		草莓、蓝莓、薄荷	适量

〈涂抹果子露、奶油〉

2.将蛋糕置于转台上，涂抹适量果
子露。涂抹果子露的时候要注意，蛋
糕侧面也要涂抹适量。参照P16，抹
上一层薄薄的奶油。

〈摆放草莓、继续涂抹奶油〉

3.将草莓的尖头向外，使其稍微比
蛋糕部分凸出一些，摆放于奶油上。
参照P17，继续涂抹一层奶油。

4.在另一片蛋糕里面涂抹适量果子
露，抹好之后将其翻转过来，扣在奶
油上面。蛋糕上面涂抹适量果子露后，
中间放上一些较稀的鲜奶油。

〈将奶油涂抹于蛋糕上面〉

5.从中间部位将奶油向外涂抹，抹遍蛋糕周边。将抹刀固定于同一位置，
转动3~4周，将奶油涂抹均匀。上下提拉转台，使上面的稀奶油流到蛋糕
侧面。

〈装饰水果〉

6.在奶油上面装饰蓝莓、
草莓、薄荷叶即可。

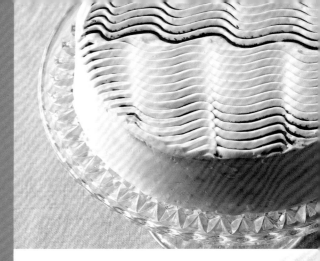

用基本的海绵蛋糕搅拌法制作
花式蛋糕

如果您已经学会制作海绵蛋糕，那么就来尝试制作各种花式蛋糕吧！

花式蛋糕与海绵蛋糕的制作顺序、打发方法、搅拌方法等几乎一样，但食材的种类和分量会有所差异，因此其制作方法和搅拌次数也会有些许不同，在制作过程中请注意区分。

蛋糕卷的面糊比海绵蛋糕面糊中的糖含量相对低一些。因此，此类面糊中的气泡强度会差些，搅拌次数过多，气泡容易破裂，影响蛋糕口感，搅拌过程中要尽量减少搅拌次数。

此外，当蛋糕中的面粉含量减少时，在搅拌过程中，面粉容易结块，因此加入面粉进行搅拌时，要特别注意搅拌方法。

在蛋糕里卷入自己喜爱的水果，这就是大受欢迎的水果蛋糕卷。

蛋糕卷的面糊是将海绵蛋糕面糊整理成薄片状，平铺于烤盘垫纸上，整理好后，再叠加一个烤盘，通过烤盘下部温度的传导，将蛋糕烤透、烤熟。面糊中鸡蛋、牛奶等水分含量较多，面粉含量较少。因此，制作出的蛋糕十分柔软，可以直接卷起来。但是，在面糊的搅拌过程中，向搅拌好的蛋液里加入面粉时面粉容易结块，因此加入面粉时，可通过震动橡胶铲，将面粉充分搅拌好。

此外，你还可以选用一种叫做"超级面粉"的细粒面粉，做出的蛋糕更加细腻，口感更好。

arrangement #1 fruit roll 水果蛋糕卷

食材（30cm×30cm烤盘1盘份）
〈蛋糕卷面糊〉

全蛋液	.200g
细砂糖	.95g
低筋面粉（超级面粉）	76g
牛奶	36g

〈夹心用鲜奶油〉

鲜奶油（乳脂含量45%）	170g
细砂糖（微粒型）	10g

〈果子露〉

细砂糖	5g
水	15g
利口酒	3g

〈水果〉

草莓、猕猴桃、菠萝等	220g

准备工作（蛋糕面糊除外）

· 用细眼筛子将面粉过筛。
· 将所有水果切成7~8mm小块状，按种类放到一起。
· 准备2个烤盘，其中一个烤盘底部铺上1张垫纸。垫纸的高度以高出烤盘1~1.5cm为宜。
· 将烤箱预热一下（烤制温度为180℃）。

〈将细砂糖加到全蛋液里搅拌均匀〉

1. 将全蛋液加入盆里，加入细砂糖后搅拌均匀。

〈对蛋液进行隔水加热〉

2. 将蛋液隔水加热，使食材中的砂糖化开，加热至食材达到37℃时，将搅拌盆从锅里拿出来。此时，不用加入水饴，对食材进行快速打发，使温度保持在37℃。

〈用手持式搅拌机进行快速搅拌〉参照P4

3. 换用手持式搅拌机，采用搅拌海绵蛋糕一样的方法对食材进行快速搅拌，搅拌时间以4~5分钟为宜。

4. 向上提起搅拌机，面糊会慢慢流下并且能够留下痕迹，即表明搅拌完成。
与海绵蛋糕面糊相比，此时面糊留下的痕迹更加清晰。

〈将牛奶隔水加热〉

5. 将牛奶加入小碗里，用**2**中的热水隔水加热。将其加热至体温即可。

〈用手持式搅拌机进行低速搅拌〉参照P5

6. 将搅拌机的搅拌头固定在靠近身体的一侧，继续对**4**中的食材进行搅拌，搅拌时间为2~3分钟，这一阶段可以将面糊搅拌得更加细腻。

7. 搅拌至气泡消失后，用铲子向上翻动，搅拌好的面糊富有光泽，用铲子将搅拌盆侧面的面糊清理干净（参照P12）。

〈筛入面粉〉

8. 将面粉用筛子筛入搅拌盆里。

与蛋液相比，面粉的用量较少，因此面粉加入蛋液中很容易结块，请一定筛过之后再加入蛋液里。

〈海绵蛋糕面糊的搅拌（应用篇）〉参照P7

9. 将橡胶铲插入搅拌盆2点钟位置，向8点钟位置移动，将铲子向上挑起来，不断震动，使面糊翻起来。采用将橡胶铲上的干面粉抖落的搅拌方法，面粉就不易结块。

大约搅拌35次，到看不到干面粉时，加入5中温好的牛奶即可。

10. 按照搅拌海绵蛋糕的方法继续搅拌一会儿。共计搅拌次数90~100次为宜。搅拌至面糊蓬松、富有光泽即可。挑起搅拌好的面糊，面糊会快速向下掉落。

当你熟练掌握海绵蛋糕面糊的搅拌方法后，可以加快搅拌速度，不需要震动铲子，直至看不见面粉。

〈将搅拌好的面糊倒入烤盘〉

11. 将搅拌好的蛋糕面糊倒入铺有垫纸的烤盘中间。
12. 用刮板将面糊刮到烤盘四角。

13. 在靠近身体的一侧，将刮板倾斜30°，将面糊从左向右摊平。在距离右侧5cm的位置将刮板停住。将烤盘顺时针转动90°后，重复4次上述操作。

最后，将粘在刮板上的面糊摊到较低或者边缘凹陷部位。

将烤盘从7~8cm高处摔至案板上，将面糊表面的大气泡震碎。

〈烤制〉

14. 在盛有面糊的烤盘下方叠加一个烤盘，将烤盘放入预热至190℃的烤箱里烤制16~17分钟。烤至13分钟时，将烤盘前后位置调换一下。

15. 蛋糕烤好之后，将其从烤盘中取出，移到冷却架上，待蛋糕稍微冷却之后，在上面盖上一块干净的布。

〈卷制蛋糕卷〉 ▶ **DVD**

16. 将冷却好的蛋糕翻转过来，脱模，剥开四周的垫纸。此时，如果发现蛋糕中有疙瘩（面糊的小结块）可以用牙签挑出来。将纸去掉之后放回原来位置，将蛋糕连同垫纸一起翻过来。

17. 将果子露涂抹于蛋糕表面。果子露的制作方法请参照P15。

18. 将细砂糖加到鲜奶油里，将奶油打发至七八分即可。用打蛋器挑起打发好的奶油后，打蛋器上附着的奶油不会很快就掉落下来，此时表明搅拌适度。

19. 将奶油置于蛋糕中间，移动L型抹刀将奶油推到蛋糕四角（刀的拿法请参照P61）。

20. 从左向右将奶油摊平，蛋糕卷离身体较远的一头奶油要放得少些，边缘附近要空出一段位置不抹奶油。

刀上黏着的奶油可以涂抹在蛋糕片两端奶油较少的部位。

21. 从身前一侧将水果一种一种摊在奶油上，用手轻压水果，将其压入奶油里。

22. 将面糊向身前提起1/3的长度，用手指按压制作蛋糕卷。

23. 将包在蛋糕外面的垫纸卷起来，一直卷到蛋糕的另一侧。

垫纸主要充当卷帘的作用。

24. 卷好之后，将蛋糕边缘部位向下，用垫纸包裹起来，整理好形状。将整理好的蛋糕放入冰箱中静置30分钟以上。

本款蛋糕卷充分利用蔗糖的风味，给人一种温和的口感。为了充分凸显这种蛋糕的风味，这里我们只卷入了一些鲜奶油。蔗糖的加入，有效控制了鸡蛋中的气泡量，与加入砂糖的面糊相比，更加松软。加入面粉进行搅拌时，与水果蛋糕卷一样，为防止面粉结块，要将面粉散开加入到蛋液中。

蔗糖蛋糕卷
arrangement #2 cane sugar roll

食材（30cm × 30cm烤盘1盘份）	
〈蛋糕卷面糊〉	
全蛋液	230g
绵白糖	55g
蔗糖	60g
低筋面粉（超级面粉）…	80g
鲜奶油	20g
牛奶	20g
〈果子露〉	
蔗糖	5g
水	15g
〈鲜奶油〉	
鲜奶油	170g
细砂糖	5g

准备工作

· 将面粉、蔗糖分别过筛备用。
· 准备2个烤盘，其中一个烤盘底部铺上
  1张垫纸。垫纸的高度以高出烤盘
  1~1.5cm为宜。
· 将烤箱预热一下（烤制温度为180℃）。

〈将糖类加入
全蛋液中搅拌均匀〉

1. 将全蛋液加入搅拌盆里，打碎，加入蔗糖和绵白糖后，搅拌均匀。

〈对蛋液进行隔水加热〉

2. 将搅拌盆放入热水中隔水加热，加热过程中不断搅拌，将砂糖化开，加热至大约40℃时，将搅拌盆从热水中取出。

〈用手持搅拌机进行高速搅拌〉参照P4

3. 用手持搅拌机高速搅拌4分半至5分钟。

4. 将搅拌头拿起，滴落的面糊能够清晰写出"の"字即可。

〈将鲜奶油和
牛奶隔水加热〉

5. 将鲜奶油和牛奶混合，隔水加热至食材达到37℃即可。
加入鲜奶油后，牛奶会变得黏稠些。

〈用手持搅拌机进行低速搅拌〉参照P5

6. 用手持式搅拌机的低档将**4**中食材打发2~4分钟，调整食材的细腻程度。

7. 结束搅拌打发操作后，用橡胶铲将搅拌盆边缘清理干净（参照P12），再将搅拌盆边缘重新粘上适量面糊。

〈加入面粉〉

8. 将面粉重新筛过之后，加入蛋液里。

〈海绵蛋糕面糊的搅拌（应用篇）〉参照P7

9. 采用搅拌海绵蛋糕面糊的方法，将橡胶铲向上挑起，上下晃动，使干面粉混入蛋液里。搅拌35次左右，就几乎看不见干面粉了，继续搅拌30次。加入**5**中热好的鲜奶油和牛奶，继续搅拌30~40次即可。

〈 将面糊倒入烤盘里 〉　〈 烤制 〉

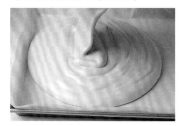

10. 将搅拌好的面糊倒入铺有垫纸的烤盘里，参照水果蛋糕卷制作步骤**13**（参照P25），用刮板将面糊摊平。

11. 将烤盘从较高位置摔下来，去除面糊中的大气泡。垫上另一个烤盘后，将烤盘放入180℃的烤箱里烤制16分钟。烤至13分钟时，将烤盘前后位置交换，再继续烤制。

12. 烤至蛋糕呈现均匀的黄褐色，将烤盘从烤箱里取出。将蛋糕连同垫纸一起从烤盘上取出来，置于冷却架上冷却。

〈 卷蛋糕卷 〉

13. 制作蔗糖果子露。将制作果子露所需的全部食材加入小锅里，稍微煮一会儿后，冷却备用。

14. 待蛋糕片冷却后，将其翻转过来，去除垫纸，将取下的垫纸仍然放到蛋糕上。

15. 将蛋糕连同垫纸一起翻转过来，在蛋糕表面（带有烤制颜色的一面）涂抹加入蔗糖的果子露。

16. 将细砂糖加入鲜奶油里，打发至七八分后，用L型抹刀将奶油涂抹于蛋糕上。蛋糕卷起部位的边缘的奶油要摊得薄一些。

17. 将蛋糕向身前提起，用手指按压制作蛋糕卷。将溢出的奶油用抹刀摊平后，继续卷动蛋糕，一直卷到另一侧。卷好之后，将蛋糕边缘部位向下，放入冰箱中静置一会儿。

蔗糖蛋糕卷

樱桃利口酒蛋糕 arrangement #3 kirsch cake

　　将（直径15cm的）海绵蛋糕切成4片，加入大量樱桃利口酒果子露，夹入巧克力奶油、覆盆子果酱、黄油奶油后，在上面装饰黄油奶油，唇齿留香，久久难以忘怀！

　　这里介绍的选用新鲜黄油制作的黄油奶油与鲜奶油一样，都十分美味。为了增加奶油的风味，我们将发酵黄油和普通无盐黄油一起搭配添加。

食材（直径15cm的蛋糕模具1个份）

〈海绵蛋糕〉

全蛋液·······················105g
细砂糖·······················77g
水饴··························4g
低筋面粉·····················70g
无盐黄油·····················18g
牛奶·························28g

〈覆盆子果酱〉

（做好450~500g，使用40g即可）
覆盆子（冷冻的亦可）······230g
水··························50g
果胶··························3g
细砂糖·······················20g
水饴··························90g
细砂糖······················170g

〈巧克力奶油〉

烘焙用巧克力
（可可含量55%）············40g
鲜奶油（乳脂含量45%）······60g

〈黄油奶油〉

无盐黄油（发酵）···········120g
无盐黄油····················120g
利口酒·······················15g
蛋白·························60g
细砂糖·······················20g

（用于蛋白霜的果子露）

细砂糖·······················76g
水··························22g

〈果子露〉

细砂糖·······················22g
水··························77g
利口酒·······················18g

剩余的黄油奶油除可以用于制作摩卡蛋糕卷（P38）外，还可以置于冰箱冷藏室里保存4~5天，置于冷冻室里保存2周左右。

准备工作

（海绵蛋糕面糊的制作除外）

· 将烘焙用巧克力切成4~5mm
  大的小块。
· 将黄油置于室温中软化。
＊参照P9~P14的操作步骤做
  好海绵蛋糕备用。

〈制作黄油奶油的准备工作〉

1. 将黄油整理成厚薄均匀的一块后，用保鲜膜包裹起来，置于20~22℃室温中。将黄油软化至用手指能戳动的状态即可。

2. 将**1**中变软的黄油放入小盆里，用橡胶铲将黄油搅拌至柔软顺滑。

〈制作意式蛋白霜〉

3. 将蛋白和细砂糖加入小盆里，用手持式搅拌机进行快速搅拌。搅拌的同时，将制作果子露所需的全部食材加入锅里加热，将食材加热至118℃，沸腾后继续煮30秒即可。

4. 将蛋白用手持式搅拌机高速打发约2分钟，打发至九分时，加入果子露。此时，果子露冷却的温度与蛋白打发完成的时间刚好吻合，这一点在制作过程中需要不断总结。

5. 继续将蛋白打发2分钟左右。蛋白富有光泽、呈细腻状就是搅拌完成的标志。
这里用蛋白制作意式蛋白霜的原因是，即使经过一段时间，蛋白霜也不易失去水分，能够保持良好的口感。

6. 将碗底放入冰水里，用手持式搅拌机低速搅拌，使食材冷却至25~30℃。
温度降到20℃以下时再加入黄油，黄油会变硬，所以要注意温度的把握。

〈搅拌黄油和蛋白霜（制作黄油奶油）〉

7. 加入**2**中处理好的黄油，对食材进行高速打发。一旦发现食材水油分离，没有融合到一起，就表示还需要继续进行搅拌。

黄油可以一次性加到奶油里，如果觉得操作有难度可以分两次加入，直至搅拌均匀。

随着搅拌的进行，奶油会变蓬松，体积迅速膨胀，搅拌至奶油呈光滑状即可完成搅拌操作。

8. 按照每210g搅拌好的黄油奶油加入15g利口酒的比例，向奶油中添加适量利口酒，继续进行搅拌，直至利口酒充分融入奶油中。

〈制作巧克力奶油〉

9. 将切好的巧克力块置于碗中。加入加热至即将沸腾的鲜奶油。

10. 用打蛋器慢慢进行搅拌。搅拌过程中，要尽量减少空气的混入。

如果巧克力奶油中进入过多的空气，涂抹奶油时，容易产生很多气泡，影响蛋糕的美观。

11. 搅拌至巧克力奶油开始出现光泽即可完成搅拌操作。搅拌完成后，将奶油冷却至20℃左右即可。

〈制作覆盆子果酱〉

12. 将覆盆子和水加入锅里，用较大的中火加热，一边煮制一边铲动果肉将其弄碎，煮好后，关火。

13. 将20g细砂糖与果胶的混合物加入锅中，充分搅拌均匀后，再次加热。煮2~3分钟即可，煮制过程中要不断搅拌。

14. 将水饴与170g细砂糖分两次加入锅里，搅拌均匀。慢慢用小火进行煮制，大约煮制5分钟即可。

15. 煮好后就可以关火。待果酱冷却之后，会变得更黏稠。

〈樱桃利口酒蛋糕的完成~涂抹奶油〉

16. 将做好的蛋糕切成4片（每一片的厚度约为1cm）。将去除烤制底部的最下面一片蛋糕置于转台上，涂抹果子露。

17. 转动转台，按照裱花蛋糕裱花的要领（参照P16），向蛋糕上涂抹**11**中做好的巧克力奶油并将其摊开。

18. 放上第2片蛋糕。

19. 涂抹果子露。

20. 按照涂抹巧克力奶油的方法在这一层上涂抹黄油奶油。

21. 盖上第3片蛋糕，涂抹果子露，按照步骤**17**中的操作方法涂抹约40g的覆盆子果酱，并将果酱摊匀。

22. 加上最后1片蛋糕（即蛋糕表面），涂抹适量果子露。

23. 继续涂抹适量巧克力奶油，将涂抹好的蛋糕置于冰箱冷藏室里冷却20分钟左右，使各种果酱、奶油变硬。如果此时不将蛋糕放入冰箱里使奶油冷却，巧克力奶油就容易与接下来涂抹的黄油奶油混合到一起，影响美观。

樱桃利口酒蛋糕

24. 在步骤**23**冷却后的巧克力奶油上涂抹适量黄油奶油。

25. 按照裱花蛋糕涂抹奶油的方法，将黄油奶油均匀抹遍整个蛋糕。涂抹黄油奶油时要注意，要尽量盖过巧克力奶油，以从外面看不到巧克力奶油为宜。

26. 将黄油奶油涂抹于抹刀前端，将蛋糕侧面也抹上黄油奶油。最后，加速转动转台1周，将奶油涂抹均匀。

27. 蛋糕上面的奶油厚度在2mm左右即可，奶油不要太厚。抹好奶油后，将抹刀倾斜着从右上方向左上方将其摊平，整理出蛋糕的棱角。

28. 用三角形带齿铁板倾斜30°角慢慢划过蛋糕表面，将蛋糕上面整理出波浪状细花纹。
划过之后的黄油奶油上可以隐约看见巧克力奶油，看上去十分美观。

将片状蛋糕直接重叠在一起，制成长方形裱花蛋糕。做法简单，美味异常。蛋糕中添加了很少的面粉，大量可可粉的加入，使蛋糕具有巧克力般的香醇口感。但是，由于可可粉的加入，面糊中的气泡很容易破裂，因此搅拌次数要尽量少些。

橘味利口酒风味巧克力蛋糕

arrangement #4 chocolate schnitten

食材
（30cm×30cm 烤盘1个份）
〈蛋糕〉
全蛋液 ················· 225g
细砂糖 ················· 137g
可可粉 ··················· 35g
低筋面粉 ················· 35g
牛奶 ····················· 37g

〈果子露〉
细砂糖 ······················ 19g
水 ·························· 57g
橘味利口酒 ················· 20g
〈鲜奶油〉
鲜奶油 ····················· 200g
细砂糖 ······················ 10g
烘焙用巧克力 ············· 适量

准备工作
· 将各种粉类筛好备用。
· 准备好2个烤盘，其中一个垫上垫纸（参照P24）。
· 将果子露做好备用（参照P15）。
· 向鲜奶油里加入细砂糖，打发至七八分。
· 将烤箱预热备用（烤制温度为190℃）。

〈将细砂糖加入全蛋液里搅拌均匀〉

1. 将全蛋液倒入小盆里，加入细砂糖后搅拌均匀。

〈将蛋液隔水加热〉

2. 将蛋液和砂糖隔水加热，加热过程中不断搅拌，将砂糖化开，加热至食材温度达到37℃左右即可。对食材进行低速搅拌时，可同时将牛奶倒入小碗里，加热至体温温度。

〈用手持搅拌机进行高速·低速搅拌〉参照P4、P5

3. 用手持式搅拌机将食材高速打发5分钟左右。提起搅拌机时，搅拌机上滴落的面糊能够清晰地写出"の"字即可结束高速搅拌。继续用低速搅拌2~3分钟，将食材打发得更加细腻。
面糊的具体打发时间与海绵蛋糕相同。

〈筛入粉类〉

4. 将搅拌盆侧面粘有的面糊清理干净，加入过筛的可可粉和低筋面粉。

〈海绵蛋糕面糊的搅拌（应用篇）〉参照P7

5. 参照海绵蛋糕面糊的搅拌（应用篇）的操作要领，搅拌过程中将橡胶铲的平面向上，晃动面糊，将干面粉搅拌均匀。

6. 大约搅拌35次之后，就几乎看不到干面粉了。

〈加入牛奶〉

7. 将热好的牛奶倒入搅拌盆里，倒的时候要均匀倒入搅拌盆。

〈海绵蛋糕面糊的搅拌〉参照P6

8. 继续对面糊进行搅拌，大约搅拌30次左右即可。由于可可粉中含有油脂，很容易将面糊中的气泡弄碎，因此搅拌的动作一定要轻。

〈将食材倒入烤盘〉

9. 将搅拌好的面糊倒入铺有垫纸的烤盘里。

〈蛋糕的烤制〉

10. 与制作水果蛋糕卷的操作方法一样，用刮板将倒入烤盘里的面糊摊平，从稍高位置将烤盘扔下，使面糊表面的气泡消失。垫上另一个烤盘后，将其放入190℃的烤箱里烤制16~17分钟。烤到13分钟时，将烤盘前后调换一下。烤好后，将蛋糕从烤盘里取出，冷却。

〈完成前的准备〉

11. 制作巧克力碎。将巧克力用于削碎的地方用手掌预热，使其变软，待巧克力块变得易削时，用水果挖球器削碎备用。

〈巧克力蛋糕的完成〉

12. 将冷却后的蛋糕翻转过来，去除垫纸。将取下的垫纸重新放回蛋糕上，再连同蛋糕一起翻转过来。在蛋糕中间部位上下均做上记号，用刀子纵向2等分。将分好的两块继续分别纵向2等分，这样，蛋糕就被分成4块长方形了。

13. 将长方形蛋糕横向放置。涂抹加入橘味利口酒的果子露，最后留出1大匙果子露备用。

14. 在靠近身体一侧的3块蛋糕上涂抹刚刚打发好的鲜奶油，大约涂抹奶油总量的3/4即可，涂抹时选用L型抹刀。

15. 将涂好奶油的3片蛋糕叠放到一起。最后，将没有涂抹奶油的一块蛋糕翻转过来，置于最上面。这样，整个蛋糕就变成4层的了。

16. 将剩余果子露涂抹在蛋糕最上面。

17. 用橡胶铲将剩余鲜奶油置于蛋糕表面，用抹刀抹好。涂抹奶油时，可以使其稍稍从蛋糕边上溢出。

18. 最后在蛋糕表面撒上适量巧克力碎即可。

在富有咖啡风味的蛋糕上，加入添加咖啡的黄油奶油，制成美味的摩卡蛋糕卷，浓浓咖啡香，让人回味无穷。蛋糕上还抹了加入卡布奇诺咖啡的果子露，更加凸显咖啡的风味。是一款香味浓郁持久的美味蛋糕。

摩卡蛋糕卷

arrangement #5 mocha roll

食材（30cm×30cm 烤盘1个份）
〈蛋糕卷面糊〉
全蛋液 ······················· 170g
细砂糖 ······················· 105g
低筋面粉（超级面粉）········· 95g
无盐黄油 ······················ 20g
牛奶 ·························· 32g
速溶咖啡 ······················· 5g
〈摩卡黄油奶油〉
黄油奶油（参照P31）做好 ··· 230g
热水 ··························· 3g
速溶咖啡 ······················· 4g

〈果子露〉
卡布奇诺咖啡（蒸馏后）··· 90g
※（豆子···18g+热水···150g）
细砂糖 ····················· 10g
〈装饰用〉
核桃 ·························· 10粒
糖粉 ························· 适量

准备工作
·将面粉过筛后备用。
·准备好2个烤盘，其中一个用
 垫纸铺好（参照P24）。
·将烤箱预热备用（烤制温度为
 180℃）。

〈将细砂糖加入全蛋液里搅拌均匀〉

1. 将全蛋液加入小
盆里，加入细砂糖后
搅拌均匀。

〈将蛋液隔水加热〉

2. 将蛋液和砂糖隔水
加热，加热过程中不断
搅拌，使砂糖化开，加
热至食材温度达到
37℃左右即可。

〈用手持式搅拌机进行高速搅拌〉 参照P4

3. 用手持式搅拌机高速搅拌4分钟左右。将搅
拌机向上提起查看，待蛋液体积明显膨胀即可
结束搅拌。

〈制作咖啡溶液〉

4. 将牛奶加入小锅里，
再加入速溶咖啡、切成
小块并且置于室温中的
黄油，一边搅拌一边用
中火加热。

5. 搅拌至小锅中的食
材充分融化后，关火。
如果牛奶在加热过程中
产生乳脂膜，请在步骤
9倒入食材之前去除掉。

〈用手持式搅拌机进行低速搅拌〉 参照P5

6. 搅拌机调成低速，
将 **3** 中食材继续打发
2~3分钟，调整面糊的
细腻程度。

〈加入面粉〉

7. 将面粉筛入面糊里。

摩卡蛋糕卷

〈海绵蛋糕面糊的搅拌（应用篇）〉参照P7

8. 按照海绵蛋糕面糊的搅拌（应用篇）要领进行面糊的搅拌。

9. 大约搅拌35次就看不到干面粉了，加入**5**中做好的咖啡原液即可。

〈海绵蛋糕面糊的搅拌〉参照P6

10. 按照海绵蛋糕的搅拌方法继续对面糊进行搅拌，大约搅拌80次即可。

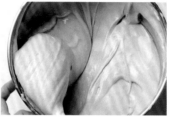

11. 图中为搅拌80次之后的面糊状态。可以看出面糊具有明显的光泽感。

〈将面糊倒入烤盘里〉

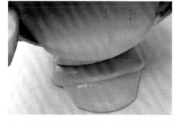

12. 将搅拌好的面糊倒入铺有垫纸的烤盘里。

13. 与制作水果蛋糕卷的操作方法一样，用刮板将面糊推到烤盘四角，将倒入烤盘里的面糊摊平。

〈蛋糕的烤制〉

14. 将烤盘从7~8cm高处摔到桌面上，将面糊表面的气泡震碎。然后在下面垫上另一个烤盘即可。

15. 将烤盘放入预热到180℃的烤箱里，烤制16~17分钟。烤到13分钟时，将烤盘前后调换。烤好后，将蛋糕从烤盘里取出，放置一边冷却即可。

〈制作果子露〉

16. 用咖啡豆制作卡布奇诺。趁热加入细砂糖将其溶开。

制作果子露的咖啡要选用比速溶咖啡更加香醇、浓郁的咖啡豆。相反，用于制作面糊或者奶油时，则要选用颜色较深、味道较浓的速溶咖啡。

〈制作摩卡黄油奶油〉

17. 参照樱桃利口酒蛋糕（P30）的制作方法制作黄油奶油，再加入用热水溶开的速溶咖啡。

18. 将食材搅拌均匀，就完成了摩卡黄油奶油的制作。

〈制作蛋糕卷〉

19. 采用与水果蛋糕卷一样的制作方法去除蛋糕背面的垫纸，在蛋糕表面涂抹一半果子露。

20. 将一半摩卡黄油奶油放到蛋糕中央。

21. 用L型抹刀，按照水果味蛋糕卷的制作要领将奶油抹遍蛋糕表面。

22. 为了使蛋糕更容易卷起来，从靠近身体2cm的位置开始向外划4~5条线。

卷蛋糕卷的时候，蛋糕和奶油中间很容易产生较大的空隙，划上几道线后，就容易卷起蛋糕芯。

23. 在靠近身体的一侧将蛋糕稍微提起来，在要卷成蛋糕芯的边缘部位涂抹果子露。用手指压住靠近身体一侧的蛋糕，制作蛋糕卷的芯部。

24. 保持原状，将垫纸提起来，轻轻按压，将蛋糕继续向上卷起来。

25. 卷好之后，将蛋糕边缘的一侧向下放置，用垫纸包裹起来，整理好蛋糕卷的形状。将整理好的蛋糕放入冰箱冷藏室静置30分钟左右。

26. 去除垫纸，将蛋糕边缘向下放置。

摩卡蛋糕卷

〈装饰〉

27. 将剩余果子露涂抹于蛋糕表面。

由于黄油奶油中的水分含量较少，此时在蛋糕上涂抹果子露，能够使蛋糕更加湿润。

28. 将剩余的摩卡黄油奶油置于蛋糕上。

29. 用抹刀将奶油抹遍蛋糕表面。

由于后面还需要用三角带齿铁板将奶油刮出花纹，因此此操作步骤中不需要将奶油整理得太平整。

30. 将三角带齿铁板倾斜约30°角，从左向右，将奶油刮出花纹。

31. 用茶漏将糖粉撒到烤好的核桃上。

32. 将蛋糕卷的左右两端切掉，装盘，最后在蛋糕上装点核桃即可。

黄油海绵蛋糕是一种先将鸡蛋和砂糖混合打发，加入融化的黄油后继续进行搅拌，加入面粉后制成的蛋糕。

一般情况下，将黄油和砂糖混合到一起打发的蛋糕才可以被称为"磅蛋糕"，这里我们介绍的黄油蛋糕，因其蓬松、柔软、入口即化的口感深受人们喜爱，蛋糕里的独特黄油香味也令人久久回味。

在制作这种蛋糕时，黄油和面粉的搅拌方法是有规律可循的。请仔细参阅本书以及DVD中的详细介绍，尝试找到属于自己的制作诀窍。

basic butter sponge

基本黄油
海绵蛋糕

以基本黄油海绵蛋糕为基础的 **柠檬蛋糕** lemon cake ▶

在基本黄油海绵蛋糕的面糊里加入柠檬皮，就能制作出美味的柠檬蛋糕了。这种柠檬蛋糕里加入了柠檬汁。在烤制过程中，面糊中的多余水分会集中在面糊上部以及两侧，因此这种面糊制作出的蛋糕并不是均匀的质地。此外，与其他蛋糕相比，这种蛋糕里相应减少了鸡蛋的用量，同等重量食材里的气泡含量更多，虽然在烤制过程中，整个蛋糕都会膨胀起来，但是烤好之后，蛋糕顶部中间部位会裂开，使整个蛋糕的质地变得不均匀。

此外，在搅拌面糊的时候，搅拌次数过多、搅拌速度过快、胡乱搅拌等不当操作，都会破坏面糊中的气泡，使面糊的膨胀能力变差，注意避免这些情况的发生。不按照正确的搅拌方法，也能做出较为美味的海绵蛋糕，但是方法不当，做出的黄油蛋糕美味却会大打折扣。

最后，如果想要打造蛋糕的黏稠感，建议您在烤好的蛋糕上多刷些柠檬果子露。

食材（14cm×8cm ×深6cm磅蛋糕模具 2个份）	食材（21cm×9cm ×深7cm磅蛋糕模具 1个份）
〈黄油蛋糕面糊〉	〈黄油蛋糕面糊〉
全蛋液 …………… 110g	全蛋液 …………… 102g
细砂糖（微粒型）…… 130g	细砂糖（微粒型）…… 120g
发酵黄油 ………… 130g	发酵黄油 ………… 120g
柠檬皮 ………… 1.5个份	柠檬皮 ………… 1.5个份
低筋面粉 ………… 130g	低筋面粉 ………… 120g
〈果子露〉	〈果子露〉
细砂糖 …………… 4g	………… 与左侧食材搭配相同
水 ……………… 20g	
柠檬汁 …………… 8g	

〈制作方法流程〉

将柠檬皮磨碎备用。
将细砂糖加到全蛋液里，搅拌均匀。
将蛋液隔水加热。
用手持式搅拌机进行高速搅拌。
将黄油化开。
用手持式搅拌机进行低速搅拌。
加入融化的黄油和柠檬皮。
加入面粉。
海绵蛋糕面糊的搅拌（应用篇）
倒入模具。
放于180℃的烤箱里烤制30~35分钟。
制作果子露。
烤制。
涂抹果子露。

准备工作
· 将低筋面粉过筛备用。
· 在模具内铺上垫纸。
· 烤箱预热（烤制温度为180℃）。

〈将柠檬皮磨碎〉

1. 将柠檬皮充分清洗干净后磨碎备用。

〈将细砂糖加到全蛋液里，搅拌均匀〉

2. 将全蛋液加入搅拌盆里，搅碎，加入细砂糖后，搅拌均匀。

〈将蛋液隔水加热〉

3. 将鸡蛋液隔水加热，加热过程中不断搅拌，将砂糖化开。

4. 加热至食材达到37℃时，将食材从锅上移开。

〈用手持式搅拌机进行高速搅拌〉参照P4

  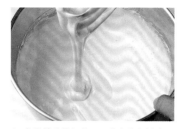

5. 用手持式搅拌机对食材进行高速打发，搅拌时间为5分30秒。

由于食材中砂糖的含量较多，因此打发后的食材气泡强劲有力，之后加入大量黄油后，食材中的气泡会破裂一些。这种食材的初期打发时间比海绵蛋糕面糊长很多，这是由于此阶段需要制作出更多的气泡。

6. 将搅拌头提起来，面糊会均匀地流下来，这时就可以结束这一阶段的搅拌了。

搅拌好的这种面糊比搅拌好的海绵蛋糕面糊滴落更快。

〈将黄油化开〉

7. 将切成小块的黄油放入锅里，加热至50℃以上。

〈用手持式搅拌机进行低速搅拌〉参照P5

8. 将**6**中的食材继续用手持式搅拌机进行低速搅拌，搅拌时间为2~3分钟。此时，食材中的大气泡会慢慢消失，当食材呈现光滑细腻状时，就可以停止打发了。

〈加入融化的黄油和柠檬皮〉

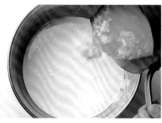 

9. 将**7**中热好的黄油一次性加入，继续加入柠檬皮。将全部食材搅拌5~6次，用打蛋器从容器中心往外进行搅拌，搅拌过程中可时不时将食材用打蛋器挑起，大约搅拌50次即可。每完成一次搅拌可以用另一只手将容器逆时针转动60°。请确认黄油是否沉到容器底部。最后，用橡胶铲将容器周边清理干净，再挑起一些食材，粘到容器侧面。

在加入面粉之前，加入黄油和柠檬皮并将其搅拌均匀，能够有效减少加入面粉后的搅拌次数。该操作还可以用手持式搅拌机低速搅拌完成。

柠檬蛋糕

〈加入面粉〉

10. 将面粉筛入面糊里。

〈海绵蛋糕面糊的搅拌（应用篇）〉参照P7

11. 从时钟2点钟位置向8点钟位置移动橡胶铲。

12. 将橡胶铲向上翻起来，上下轻轻震动，使干面粉落到面糊里，搅拌均匀。此时无需将已经翻过来的橡胶铲再次翻过去，直接继续将其插入2点钟位置即可。

13. 搅拌35~40次，就几乎看不到面糊里的干面粉了。面糊搅拌均匀后，继续搅拌35~45次。

14. 搅拌过程中可以转动装有食材的搅拌盆，可以看到橡胶铲宛若在盆中描绘花朵一样。

15. 搅拌结束后，面糊会产生光泽，将橡胶铲向上提起后，面糊会慢慢流下，这样的状态就说明完成搅拌过程了。

― column ―

在面糊中加入这么多砂糖真的好吗？

　　事实上，这种蛋糕面糊里的鸡蛋量与砂糖量是一样的。如果您觉得这样做出的蛋糕会很甜，将砂糖重量减少5%、10%。的确乍看上去，仍能做出蓬松的蛋糕，但食用时蛋糕却缺乏黏稠感，吃上去总觉得干巴巴的。即使经过一段时间，也品尝不出细腻香甜的口感，体会不到沁人心脾的独特风味。这就是减少砂糖用量的结果。

　　在这款蛋糕中，砂糖除了可以用来增加蛋糕的甜味，还起到了提高面糊保湿性的目的。本款蛋糕完成制作之后，面糊中会存在大量的气泡，因此食用的时候不会感觉到太甜。如果您在食用时，感觉蛋糕太过甜腻，有可能是蛋糕中的气泡含量较低，即面糊发酵不充分。但具体是打发方法不当还是搅拌方法不当，请重新仔细检查。

　　本款蛋糕将黄油与其他食材完美搭配，打造一种独特的口感。从长期制作经验来看，想要凸显食材本身的美味，就一定要适量增加砂糖的用量。

〈 将面糊倒入模具 〉

16. 用橡胶铲将搅拌好的食材倒入铺有垫纸的烤盘里。加入的面糊量约占模具容量的十分之七左右。

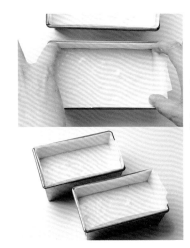

〈 烤制 〉

17. 调整好模具四角的面糊量。整理好后将模具放入预热至180℃的烤箱里烤制30~35分钟。

〈 制作果子露 〉

18. 将水和细砂糖加到小锅里，将其煮至沸腾。向锅里加入柠檬汁，关火，将果子露冷却备用。

〈 烤上色 〉

19. 查看蛋糕中间裂开部位，如果也烤上了颜色就说明蛋糕的烤制完成了。

〈 涂抹果子露 〉

20. 蛋糕烤好之后，要趁热将其从模具中取出，将蛋糕上部抹遍果子露。垫纸在食用时取下即可。

柠檬蛋糕

用海绵蛋糕搅拌法（应用篇）制作
花式蛋糕

  这里，我们将向您介绍用海绵蛋糕搅拌法或者搅拌应用法制作的蛋糕。

  红糖蛋糕的制作方法与柠檬蛋糕基本相同，只不过加入红糖进行打发，继而加入红糖碎末。橙味蛋糕除了在面糊中加入大量酸奶油，还加入大量橙汁，是一款具有清爽酸味的美味蛋糕。"樱桃白兰地风味巧克力蛋糕"也是运用海绵蛋糕搅拌法制作、无面粉添加的巧克力蛋糕。每种蛋糕的选材均有不同，实际制作过程中，请结合面糊的搅拌状态进行搅拌操作。

在4个模具大小的黄油海绵蛋糕面糊中，加入等量的橙汁，制成5个模具大小的湿润、清爽美味的黄油蛋糕。食材中的一部分黄油换成酸奶油，因此即使冷却之后，面糊也不容易变硬，炎炎夏日食用，美味依旧。

由于面糊中加入了橙汁，甜度会有所下降。最后，再装点上杏肉果酱和带有些许酸味的糖粉柠檬汁，使得整体的酸味得到很好的平衡，让您从内心深处感受这款蛋糕的美味。这款蛋糕的制作工序较多，同时也需要较高的烹调技巧，请在制作过程中耐心等待美味的诞生。

橙味蛋糕
arrangement #1 orange summer cake

食材（14cm×8cm ×深6cm磅蛋糕模具 2个份）		食材(21cm×9cm ×深7cm磅蛋糕模具 1个份)	
橙子皮	1个份	橙子皮	1个份
橙汁	126g	橙汁	120g
全蛋液	121g	全蛋液	115g
细砂糖	131g	细砂糖	125g
发酵黄油	88g	发酵黄油	84g
酸奶油	44g	酸奶油	42g
低筋面粉	131g	低筋面粉	125g
杏肉果酱（市售）	53～60g	杏肉果酱（市售）	50~60g
〈糖粉柠檬汁〉		〈糖粉柠檬汁〉	
柠檬汁	7g	柠檬汁	7g
水	6g	水	6g
糖粉	65g	糖粉	65g

准备工作

·将面粉过筛后备用。·在模具内垫上垫纸（参照P44）。·将烤箱预热至180℃。

〈做好香橙的处理工作〉

1. 将橙子皮磨碎后备用，中间果肉部位榨成果汁，分别对果皮、果汁进行称量。

〈将蛋液隔水加热〉

2. 将全蛋液加入容器里，打碎，加入细砂糖后，搅拌均匀。将食材隔水加热到37℃左右后，从锅里取出。

〈用手持式搅拌机进行高速搅拌〉参照P4

3. 用手持式搅拌机对食材进行高速打发，搅拌时间为5分钟。

4. 图中为食材高速打发结束后的状态。用搅拌头能够清晰写出"之"字，即表明打发完成。

〈将黄油融化〉

5. 在步骤3进行的同时，将切成小块的黄油以及酸奶油一起加入锅里，用中火加热至50℃以上。

〈用手持式搅拌机进行低速搅拌〉参照P5

6. 用手持式搅拌机的低速档继续搅拌面糊，调整面糊的细腻程度，搅拌时间约为2分钟。

 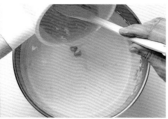

7. 将1中处理好的橙子皮加到5中锅里，搅拌均匀，然后一起加入6中。

8. 用打蛋器或者手持式搅拌机的低速档将食材充分搅拌均匀。最后，从锅底部位开始使劲搅拌，确认锅底没有黄油的残留。

〈 筛入面粉 〉

9. 将面粉过筛后加入容器里。

〈 海绵蛋糕面糊的搅拌（应用篇）〉 参照P7

10. 采用海绵蛋糕面糊的搅拌方法将面糊搅拌35次。

由于黄油的加入，面糊中的气泡很容易破裂，因此无需对面糊进行过多搅拌。

11. 搅拌约35次，看不到干面粉时，继续对面糊进行搅拌，共计搅拌70~80次即可。搅拌完成后，橡胶铲上的面糊会慢慢掉落在容器里，即可。

〈 将面糊倒入模具里 〉　　〈 烤制 〉

12. 将搅拌好的面糊倒入铺有垫纸的2个磅蛋糕模具里。

13. 将模具放入180℃的烤箱里，烤制35分钟左右。

14. 烤至蛋糕裂口处明显着色即可。

〈 完成 〉　　　　　　　　〈 制作杏肉果酱 〉

15. 要趁热将烤好的蛋糕上的垫纸撕下。将整个蛋糕均抹上橙汁，蛋糕上面要相应多抹一些。蛋糕冷却后，涂抹的橙汁不易渗入蛋糕里，因此尽量趁热进行涂抹橙汁的操作。

16. 在杏肉果酱里加入1小匙水，加热一下。加热过程中不断用小搅拌棒进行搅拌。加热至果酱变软、较易进行涂抹即可。

橙味蛋糕

〈涂抹杏肉果酱〉

17. 用抹刀将**15**中做好的蛋糕除底面之外均涂抹上**16**中做好的果酱。

果酱冷却之后容易变硬，因此请尽量趁热将果酱涂抹均匀。

可以将抹好果酱的蛋糕直接置于冷却架上进行冷却，使果酱变干。用手触摸蛋糕表面不十分黏手即可。

〈制作糖粉柠檬汁〉

18. 将水与柠檬汁混合到一起，加入2/3筛好的糖粉，待糖粉化开之后，继续加入剩余的砂糖，搅拌均匀。

如果糖粉柠檬汁液仍然较稀，可增加糖粉的用量做适当调整。

〈涂抹糖粉柠檬汁〉

19. 待步骤**17**中蛋糕表面的果酱变干之后，用抹刀从上面开始涂抹糖粉柠檬汁。

涂抹糖粉柠檬汁时，要抹遍除蛋糕底部之外的其他各部位。如果果酱没有干透就进行后面的操作，果酱容易将糖粉柠檬汁黏住，不利于后面操作的进行，具体操作时请注意。

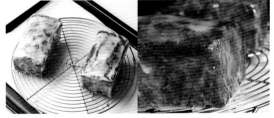

20. 将蛋糕连同冷却架一起置于铺有垫纸的烤盘上，将烤盘置于220℃的烤箱里，烤制2分钟左右。当看到蛋糕表面变干，蛋糕侧面慢慢冒出气泡时，将其从烤箱里取出。

如果您选用电动烤箱，建议您将温度调高20℃左右。

21. 将冷却架从烤箱里取出，直接放置一旁冷却即可。

樱桃白兰地风味巧克力蛋糕

arrangement #2 fondant chocolat

　　这是一种用全蛋法制作的巧克力蛋糕。通常情况下，巧克力蛋糕大多选用分蛋法进行制作，这里我们选用将整个鸡蛋打发的方法进行制作。里面一点面粉也不加入，全部选用可可粉。因此，制作出来的蛋糕入口即化，口感独特。

　　蛋糕在制作过程中，还加入了大量的樱桃白兰地，在蛋糕味道中很好地融入了酒元素。加入的酒类可根据您个人的喜好进行适当选择，也可以直接换成果酱，使蛋糕的口味更加适合小朋友食用。面糊中加入巧克力后，请进行充分搅拌，使面糊呈现较高浓度、富有光泽感。

食材（直径15cm的海绵蛋糕模具1个份）
烘焙用巧克力
（可可成分70%）⋯⋯⋯⋯⋯⋯⋯ 100g
（可可成分55%）⋯⋯⋯⋯⋯⋯⋯ 30g
发酵黄油⋯⋯⋯⋯⋯⋯⋯⋯⋯⋯⋯ 73g
全蛋液⋯⋯⋯⋯⋯⋯⋯⋯⋯⋯⋯⋯ 130g
细砂糖⋯⋯⋯⋯⋯⋯⋯⋯⋯⋯⋯⋯ 82g
可可粉⋯⋯⋯⋯⋯⋯⋯⋯⋯⋯⋯⋯ 26g
樱桃白兰地⋯⋯⋯⋯⋯⋯⋯⋯⋯⋯ 30g

准备工作
· 将可可粉过筛备用。
· 在模具内铺上垫纸（烤箱用纸）备用。侧面切割适当大小的垫纸铺上，中间部位切割圆形垫纸铺好。
· 将烤箱预热一下（烤制温度为180℃）。

〈将巧克力和黄油隔水加热〉

1. 将切成小块的巧克力和黄油置于小碗里，隔水加热。待巧克力块和黄油块化开后，将容器从锅上移开，此时食材的温度为30~35℃。

〈将蛋液隔水加热〉

2. 将蛋液置于另一个容器里，搅碎，加入细砂糖后搅拌均匀。隔水加热，将细砂糖化开，加热至食材约为37℃时，将容器从锅上移开。

〈用手持式搅拌机进行高速搅拌〉
参照P4

3. 用手持式搅拌机对食材进行高速搅拌，搅拌时间为4分至4分半。
提起搅拌机，能够书写出清晰的"の"字，就表明搅拌完成。

〈用手持式搅拌机进行低速搅拌〉
参照P5

4. 用手持式搅拌机对食材进行低速搅拌，对食材的细腻程度进行调整，搅拌时间约为2分钟。

〈制作巧克力酱汁〉

5. 待1中加热的巧克力黄油温度降到35℃以下时，加入可可粉搅拌均匀。

〈蛋糕面糊的搅拌〉 参照P6

6. 将搅拌工具换成橡胶铲,向**4**中加入**5**中搅拌好的巧克力酱汁,搅拌均匀。随着搅拌过程的进行,面糊中的气泡会慢慢破裂,此时无需停止搅拌过程,继续搅拌即可。搅拌100次以上后,面糊会慢慢变得紧致、富有光泽。

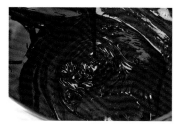

7. 图中为面糊搅拌150次后的状态。可以看出,面糊中的大气泡已完全看不出来,面糊呈黏稠状,此时结束搅拌过程即可。

8. 加入樱桃白兰地酒,继续搅拌40次。

9. 可以看出,面糊已没有那么黏稠,并且富有光泽,此时就可以结束面糊的搅拌了。这时,面糊的温度以23℃为最佳。

〈将面糊倒入模具中,进行烤制〉

10. 将**9**中搅拌好的面糊倒入模具里。用橡胶铲前端约1cm处对倒入的面糊进行整理,前后移动将面糊表面摊平。
面糊质地较为柔软,很容易就能被摊平。

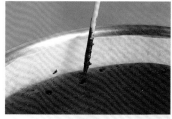

11. 将整理好的面糊置于180℃的烤箱里烤制15~17分钟。在距面糊边缘1cm处插入牙签,面糊不黏稠,在距离边缘2cm处插入牙签,面糊稍微黏糊,即表明烤制完成。在烤好的蛋糕上撒适量糖粉(材料外份量)即可。
要想打造蛋糕入口即化的口感,就不能让烤制时间过长,烤制好的蛋糕中间部位仍然很软,仿佛半生不熟的状态即可,烤制过度,蛋糕的口感会过硬。

巧克力蛋糕

红糖黄油蛋糕

arrangement #3 brown sugar quatre quarts

"红糖与黄油搭配竟也可以这么美味!"吃到这一款蛋糕时,相信您肯定会发出这样的惊叹。红糖颗粒在蛋糕里似化非化,含有的水分又使蛋糕吃起来略湿润,增添了口感的层次。即使不涂抹果子露,也照样有湿润的口感,美味无穷。

由于红糖带有一定的涩味,这种蛋糕的气泡量比柠檬蛋糕要少很多。打发环节一定要相应延长,这样才可以制造出更多的小气泡。加入面粉后的搅拌过程与柠檬蛋糕的几乎一样。

食材（直径12m的海绵蛋糕模具2个份）

全蛋液	120g
红糖（粉末）	110g
细砂糖	38g
发酵黄油	140g
低筋面粉	140g
泡打粉	1g
红糖（块状）	55g
罂粟籽	适量

准备工作
· 将粉类食材筛好备用。
· 在模具内铺上垫纸（烤箱用纸）备用。
· 将红糖切成5~7mm块状。
· 红糖粉筛好备用。
· 将烤箱预热一下（烤制温度为180℃）。

〈将糖粉加到全蛋液里，搅拌均匀〉

1. 将全蛋液加到容器里，搅碎，加入红糖粉末、细砂糖后，搅拌均匀。

〈隔水加热蛋液〉

2. 对容器里的食材进行隔水加热，加热过程中不断搅拌，使砂糖融化，加热至食材达到37℃时，将容器从水上移开。

〈用手持式搅拌机进行高速搅拌〉参照P4

3. 用手持式搅拌机对食材进行高速打发，搅拌时间为6分钟。
由于面糊中加入了红糖，打发的时候很难形成气泡，因此要比一般海绵蛋糕面糊的搅拌时间长些。

〈加热黄油〉

4. 将黄油加到小锅里，直接加热将其化开，待黄油温度达到60℃时即可。

〈用手持式搅拌机进行低速搅拌〉参照P5

5. 对3中的食材继续进行低速打发，调整面糊的细腻程度，搅拌时间大约为2分钟。由于这种蛋糕面糊中含有的气泡比柠檬蛋糕面糊中的少很多，因此搅拌好的面糊不会太黏稠。提起搅拌头后，搅拌头上的面糊会快速掉落。

〈加入黄油〉

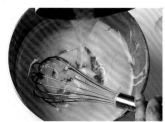
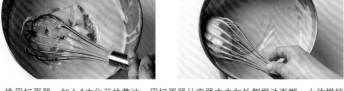
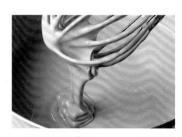

6. 换用打蛋器，加入4中化开的黄油。用打蛋器从容器中央向外侧搅动面糊，大约搅拌50次即可。

7. 黄油是否搅拌均匀，可以用搅拌头挑起容器底部的面糊查看。

红糖黄油蛋糕

〈 筛入粉类 〉

8. 将筛过之后混合到一起的低筋面粉和泡打粉再次过筛之后加入食材里。

〈 海绵蛋糕面糊的搅拌（应用篇）〉 参照P7

9. 按照海绵蛋糕面糊加入面粉后的搅拌方法，将橡胶铲翻起，将面粉抖落后，搅拌均匀。

10. 大约搅拌35次，搅拌至看不到干面粉后，继续搅拌25~30次。

〈 加入红糖 〉

11. 加入3/4弄碎的红糖块。

12. 按照搅拌海绵蛋糕面糊的方法将面糊搅拌5~6次。

搅拌至红糖块均匀分布在面糊中后，即可结束搅拌过程。此阶段要注意不要将面糊搅拌过度。

〈 倒入模具 〉

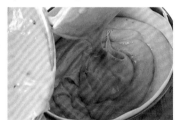

13. 将面糊倒入2个模具中。

搅拌结束后，红糖块会慢慢沉到容器下面，请尽快完成分盘。

〈 烤制 〉

14. 图中为面糊倒入模具后的状态。

15. 将剩余的红糖块和罂粟籽撒在面糊表面。将蛋糕模具放入180℃的烤箱里烤制33~35分钟。

16. 烤好的蛋糕会从模具里面露出一部分，将蛋糕置于冷却架上冷却即可。

由于这种蛋糕没有涂抹果子露，因此为防止蛋糕在保存过程中变干，待蛋糕稍微冷却之后，一般会将其尽早用保鲜膜包上。

能够制作出美味甜点的 蛋糕制作工具

　　想要制作出美味的甜点，工具的选择也很重要。搅拌所需的工具请您尽量选择这里介绍的工具。本书中用于搅拌的工具一般有碗、盆、橡胶铲、手持式搅拌机、打蛋器等。

　　只有每次都选用相同的工具，操作步骤的作用和意义才能呈现出来，才能更加准确地做出更加美味的蛋糕。比如，橡胶铲的形状、搅拌容器的大小和形状不同，每次搅拌面糊的情况都会有所不同。

电子秤

本书中，所有食材都是以g为单位进行计量的。可能有的人会觉得这样太过细致，但为了最终口感的完美呈现，请务必按照配料表上的要求进行称量。使用电子秤的好处是能够在放上包装或者容器时做归零处理，因此在称量之前一定不要忘记除去包装和容器的重量。各种食材请一定分别称重，不要怕麻烦。可以一边加食材，一边对其进行称重，尽量将误差降低到最小范围。

温度计

想要制作出美味的蛋糕面糊，食材温度的把控也十分重要。本书食谱中对于能够有效保持面糊状态的适宜温度都有具体要求，请严格按照食谱上的要求控制温度。笔者所选用的温度感应器（如图），使用时只需将其置于被测量物的表面即可，在红外线的作用下，被测物体的温度会迅速呈现出来，使用起来十分方便。这种红外线温度计用于料理的制作较为便利，最好选用这种温度计，但如果您没有这种温度计也没有关系，请选用接触式料理用温度计（如下图），温度计的计量范围在100℃、200℃均可。

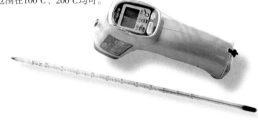

计时器

本书中，为计量面糊的打发时间，一般需要用计时器进行测定。开始打发时，可以将计时器或者秒表放置一边，打发过程请务必确量时间。最初进行烘焙还不是很有经验的时候，单纯靠肉眼判断无法确定面糊的最佳搅拌状态，此时用计时器计量，可以帮您省去不少麻烦。建议您选择度数简单、直接，可以停止的数字秒表。

碗、盆

选用的碗、盆大小以用手持式搅拌机进行垂直搅拌时，搅拌头不能碰触到边缘为宜，容器的深度要深些。如果选用浅容器，即使按照食谱上的时间进行搅拌也更容易出现打发不充分的情况。本书中的打发用容器选用无印良品搅拌盆。此外，您还可以准备大中小3个号，按照不同用途区分使用。

模具

本书中，我们主要选用海绵蛋糕模具（圆形）以及磅蛋糕模具。不论选用什么材质的模具，都能成功烤制出您想要的海绵蛋糕。不锈钢、白口铁等等，任何材质均可以。建议您最好选用带底模具。

磅蛋糕模具建议您选用白口铁材质的。不锈钢模具侧面不易受热，不适合选用。本书中选用的磅蛋糕模具为特别订制的14cm模具，制作时无需对面糊进行干燥处理，慢慢烤透即可。如果选用常见的21cm模具，烤制时间需相应延长，蛋糕周围容易烤焦、变硬（一般烤箱专卖店里都有14cm的磅蛋糕模具，请具体咨询购买即可）。

手持式搅拌器

如果想要制作出含有大量气泡的面糊，手持式搅拌机是必不可少的工具。根据其制造商以及机器种类的不同，搅拌机的性能也有所差别。选择时，尤其需要注意的是搅拌头的形状。请选择前面不是很细、直直的类型。搅拌头前端较细，面糊不容易搅拌透，搅拌操作需要很长时间。这里我们选择松下或者TESCOM制造的搅拌机。选用其他牌子的搅拌机，面糊在搅拌时的打发状态以及打发时间都会有所差异，请注意这一点。

打蛋器

主要用于鸡蛋的搅拌以及面糊的搅拌等。适合直径21cm容器的为全长28cm（9号）或者25cm（8号）的打蛋器。

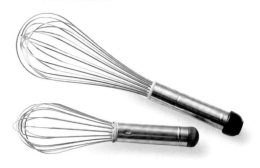

面粉筛

面粉类等粉状食材在称量之后都需要用筛子过筛。请尽量选择细眼筛子。此外，将面粉加到容器里时，也需要将面粉再次过筛，加到食材里。再次过筛时选用粗眼筛子亦可。

橡胶铲

对面糊进行搅拌、刮铲、将面糊移到模具中，都少不了橡胶铲。硅胶做的一体成型橡胶铲柔韧度较好、铲子自身带有一定的重量，很容易入手，建议您选用。本书中我们主要选用饭家家制作的铲子。

毛刷

在海绵蛋糕上涂抹果子露、果酱等的时候，毛刷是必不可少的重要工具。涂抹果子露时，要用毛刷在面糊表面稍微用力涂抹，建议您选用刷毛较长、富有弹力的毛刷。图片中为MATFER公司生产的毛刷。毛刷有各种不同的大小（宽度），请选用35mm尺寸的。

柠檬刀

本书中，制作柠檬蛋糕、橙子蛋糕时需要用柠檬刀将柑橘类果皮磨碎后再使用。选用性能较高的柠檬刀能够快速完成相关操作，提高制作效率。建议您选用microplane公司生产的柠檬刀。

刮板

运用有弧度的一侧可以将容器里的面糊轻松移到模具里。运用较为平整的一面则可以对蛋糕卷面糊进行整理，将面糊推到模具或者烤盘四角处，整理平整。

刀具

将海绵蛋糕切成薄片、切割蛋糕时都要用长度在30cm以上的波纹状刀具进行相关操作。切割较小蛋糕时可以选择刃长较短的刀具类型。

转台

在蛋糕上涂抹鲜奶油或者黄油奶油的时候、完成时整理奶油时，都需要用到转台。制作蛋糕若选用18cm的模具，就需要选用直径21cm以上的转台。建议您选用具有一定重量的转台，操作起来更加方便。

木条垫

木条垫是将蛋糕切成薄片时使用到的工具。用木条抵住面糊的两侧边缘，沿着木条用长刀将蛋糕切成薄片。木条垫的材料除选择木材外，还可以随意进行选择，笔者用在家居中心买到的木条改装后制成。将蛋糕切成3片时，可以选用高1.5cm的木条垫。

抹刀

抹刀是制作裱花蛋糕或者蛋糕卷时必不可少的工具。制作直径18cm的裱花蛋糕，需要选用20cm刃长的抹刀。制作蛋糕卷时，可以选择手柄处有弯曲角度的L型抹刀。

垫纸

铺在烤盘或者模具中的蛋糕烤制用纸。可以选用点心专用卷纸，也可以选用烤箱用纸。
卷纸能够黏附在烤好的蛋糕上，适合用于海绵蛋糕、蛋糕卷、柠檬蛋糕等烤好后直接带着垫纸进行保存的蛋糕类型。烤箱用垫纸在烤制完成之后，一般会去掉。本书主要用于制作红糖黄油蛋糕和樱桃白兰地风味巧克力蛋糕等加入黄油的海绵蛋糕。选用烤箱用垫纸，蛋糕边缘也容易被烤上颜色。

三角板

一种将奶油划上波浪花纹的工具。主要用于制作樱桃白兰地蛋糕、摩卡蛋糕卷等。三角板也有3种不同尺寸，一般都是不锈钢材质，不同尺寸的三角板划出的花纹大小会有差异，使用起来十分方便。你还可以选择价格较为便宜的塑料制三角板。

水果挖球器

不锈钢材质水果挖球器。可以将其用于将水果挖成球形，但这里主要将其用于将巧克力削碎，制作巧克力碎。水果挖球器分直径9mm~30mm等不同类型，制作巧克力碎时，建议您选用直径20mm的。

裱花袋+裱花头

建议您选用可以多次重复利用的尼龙或者聚酯制裱花袋。裱花袋的长度一般在40cm左右，可以用于各种装饰、裱花操作中。使用之后，将裱花袋翻过来清洗干净，晾干后就可以重复使用了。裱花头建议您选用适合草莓裱花蛋糕的星状8边型。

能够制作出美味甜点的 基本食材

　　从笔者之前开办糕点教室的经验来看，想要在家就做出美味的点心，食材的选择至关重要，这里我们主要介绍在食材选择时需要注意的两点问题。

　　第一点是要选用新鲜的食材。虽然大家都觉得没必要为了制作蛋糕特意去购买最新鲜的食材，但千万不要选用放在冰箱里已经变味的黄油以及明显失去风味的食材，这样才能初步保证做出蛋糕的风味。

　　第二点是不要用各种替代食材代替原本所需食材。用人造黄油代替黄油、用植物性鲜奶油代替鲜奶油等，都容易使做出的蛋糕风味发生改变，无法做出令人印象深刻的味道。

鸡蛋

鸡蛋质量的好坏能够左右整个面糊的风味。因此请尽量选择新鲜且质量上乘的鸡蛋。一般情况下，我们建议您选用M号鸡蛋。L号鸡蛋的蛋白一般较大，做出的全蛋液味道会更淡些。另外，鸡蛋的风味还受母鸡的种类、饲料等养殖相关问题、季节等的影响，各种因素不同，味道就有所差异。请选择适合您自己口味的鸡蛋品牌。

面粉

用于甜点制作的面粉，一般是含有面筋较少的低筋面粉。即使是低筋面粉，品牌不同，面粉中的蛋白质、矿物质含有量也会有所不同。不同等级的低筋面粉，其面粉颗粒的大小也有所差别。并不是选择任何种类的面粉都能做出最佳风味的蛋糕。产自日本的面粉，蛋白质含量一般较高，搅拌过程中容易形成面筋，面糊的膨胀性能较差，做出的蛋糕会过硬，因此要特别注意这一点。制作海绵蛋糕或者黄油蛋糕时选用低筋面粉，制作蛋糕卷时选用颗粒较小的"超级面粉"（全部产自日清面粉厂）即可。

糖类

制作甜点时，最常用的糖类就是细砂糖（左上图）。虽然，这种砂糖本来就是细粒的，但还是建议您使用容易溶解的点心专用微糖。常见的细砂糖很难溶于黄油和鲜奶油，进行打发时也很难搅拌进空气，会影响做出蛋糕的口感。可以将颗粒较大的细砂糖用搅拌机打得更细一些。为增加面糊风味，一般会加入蔗糖（左下图），蛋糕做好后会撒上糖粉（右上图）、为增加海绵蛋糕面糊的湿度一般会加入水饴（右下图）等，使用时请根据不同用途区分使用。

黄油

为增加面糊的风味和浓郁口味，一般会选用较为新鲜、质量上乘的黄油。开封后过了很长时间、置于冰箱中保存的黄油风味会有所下降，请注意不要选用。制作蛋糕一般会选用无盐黄油，但有时还会选择用乳酸充分发酵的发酵黄油（右图上）。需要添加发酵黄油的蛋糕，食谱上会有详细记载，使用时请严格按照食谱要求即可。如果将发酵黄油换成普通的无盐黄油，制作蛋糕的风味会有很大变化。根据制作甜点种类的不同，适合选用无盐黄油还是两种黄油均选用，都是有所差异的。

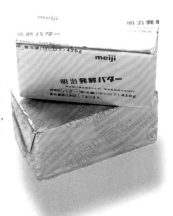

巧克力·可可粉

制作甜点时，请尽量选用烘焙用巧克力。选用巧克力质量的好坏对制作出蛋糕的风味有直接影响。用于甜点制作的巧克力一般会选用Beck公司和Cacaobarry公司生产的巧克力制品。烘焙用巧克力中含有可可成分的比例对蛋糕的制作以及味道也有很大影响。请根据不同目的，选用不同可可含量的巧克力类型。根据制造商的不同，生产出可可粉的味道、浓度以及颜色都会有所差异，请区分不同制造商，选择合适的可可粉。

水果

选用当季的新鲜水果，其美味在与蛋糕结合时可获得极佳的口感。除了新鲜水果以外，烘焙蛋糕时还可以选择果酱、冷冻水果进行搭配。但一定要选味道醇正口感清新的产品，特别是生鲜水果，必须选用应季、成熟度恰当、味道过关的水果。反季的水果往往风味不足，导致烘焙的蛋糕味道也缺乏冲击力。

奶制品

可以说奶制品是赋予蛋糕细腻风味必不可少的重要食材。低脂肪含量以及植物奶油的风味会淡很多。制作蛋糕所选用的鲜奶油一般是脂肪含量为45%的新鲜奶油，装饰用奶油则会加入适量牛奶，使口味稍微清淡些。制作橙味蛋糕（参照P49）等的时候，还会用具有清爽口感的酸奶油替换掉部分黄油，增加蛋糕的风味。

洋酒

制作裱花蛋糕时，有时还会用利口酒制作果子露，为蛋糕增添利口酒的风味。加入到巧克力面糊中的时候，需要增加利口酒的用量，打造出浓郁的风味。这样，还能相应延长点心的保存时间。利口酒开封之后，长时间保存会使酒的味道慢慢挥发，因此开封之后请尽快使用。利口酒有香橙味的橘味利口酒、大马尼埃酒以及樱桃口味的樱桃白兰地等不同种类。

TITLE :［DVD 講習付き　小嶋ルミのおいしいイチゴのショートケーキ&バタースポンジ］
BY :［小嶋ルミ］

本书由日本主妇之友社授权北京书中缘图书有限公司出品并由河北科学技术出版社在中国范围内独家出版本书中文简体字版本。
著作权合同登记号 : 冀图登字 03-2014-030
版权所有·翻印必究

图书在版编目（CIP）数据

小嶋教你做蛋糕 /（日）小嶋留味著 ; 于春佳译
. -- 石家庄 : 河北科学技术出版社 , 2014.6（2015.12 重印）
ISBN 978-7-5375-6680-3

Ⅰ . ①小… Ⅱ . ①小… ②于… Ⅲ . ①蛋糕 - 糕点加工 Ⅳ . ① TS213.2

中国版本图书馆 CIP 数据核字 (2014) 第 046639 号

小嶋教你做蛋糕

[日]小嶋留味　著　于春佳　译

策划制作 : 北京书锦缘咨询有限公司（www.booklink.com.cn）
总 策 划 : 陈　庆
策　　划 : 邵嘉瑜
责任编辑 : 杜小莉
设计制作 : 张　贤

出版发行　河北科学技术出版社
地　　址　石家庄市友谊北大街 330 号（邮编 : 050061）
印　　刷　北京美图印务有限公司
经　　销　全国新华书店
成品尺寸　185mm×260mm
印　　张　4.25
字　　数　80 千字
版　　次　2014 年 7 月第 1 版
　　　　　2016 年 3 月第 8 次印刷
定　　价　35.00 元

ミトンズ シュークリーム
卵の風味とミルクの甘みが
口いっぱいに広がります。
¥263 (本体価格250)